工业大数据驱动的装备智能运维技术与实践

黄海松　魏建安　著

科学出版社

北京

内 容 简 介

本书贯穿机械系统关键零部件智能故障诊断和智能状态监测的始终，系统介绍了机器学习、智能优化算法、设备状态信息采集及信号预处理、信号特征提取与重构等方面的知识；详细介绍了基于机器学习、深度学习和迁移学习的典型零部件智能故障诊断与监测，以及典型零部件剩余使用寿命预测的方法和应用；重点介绍了设备状态信息采集与信号预处理、信号特征提取与重构等前期工作的关键理论与技术。

本书适合高等院校机械、电子、计算机等相关专业的教师和研究生，以及从事相关领域研究的企业科研人员和工程师等阅读，也可作为技术咨询或项目实施的参考资料。

图书在版编目（CIP）数据

工业大数据驱动的装备智能运维技术与实践 / 黄海松，魏建安著. —北京：科学出版社，2024.6

ISBN 978-7-03-077695-2

Ⅰ. ①工… Ⅱ. ①黄… ②魏… Ⅲ. ①机械设备-智能控制-自动控制系统 Ⅳ. ①TP273

中国国家版本馆CIP数据核字（2023）第253037号

责任编辑：陈 婕 / 责任校对：任苗苗
责任印制：肖 兴 / 封面设计：蓝 正

科学出版社 出版
北京东黄城根北街 16 号
邮政编码：100717
http://www.sciencep.com
三河市骏杰印刷有限公司印刷
科学出版社发行 各地新华书店经销

*

2024 年 6 月第 一 版 开本：720 × 1000 1/16
2025 年 1 月第二次印刷 印张：13 3/4
字数：277 000

定价：118.00 元
（如有印装质量问题，我社负责调换）

前　　言

随着计算机技术、信息技术、传感器技术与人工智能技术的飞速发展，制造业与信息化的融合愈加紧密，我国的《"十四五"智能制造发展规划》、德国的《工业4.0》规划及美国的《制造业再复兴》规划均将智能制造作为主攻领域。特别地，我国在《国家中长期科学和技术发展规划纲要(2006—2020年)》、《机械工程学科发展战略报告(2021~2035)》中均将确保重要设备安全可靠性的关键技术作为主攻方向。因此，在这一大背景下，对各种机械设备进行智能状态监测和预测显得尤为重要，已经成为实现智能制造的不可或缺的一环。

本书面向智能制造，以机械装备的关键零部件(轴承、刀具、齿轮)的状态智能运维为研究对象，将信息技术、人工智能技术与传感器技术进行深度融合，开展基于大数据驱动的装备智能运维技术与实践研究。本书介绍的机器学习及深度学习理论，是当前机械设备智能运维的研究热点；机械关键零部件状态信息采集和特征提取与重构，是机械装备智能运维的关键理论与技术。书中提到的基于机器学习、深度学习和迁移学习的典型零部件智能故障诊断与状态监测、寿命预测等案例，为相关领域的从业者和研究者提供了参考依据，具有重要的应用价值和学术价值。读者需要具备一定的机器学习和数据分析基础，同时需要了解相关的机械、电子、计算机等领域的基础知识。

本书由黄海松、魏建安等共同撰写完成，其中第1~3章由黄海松撰写，第4章、第5章和第7章由魏建安撰写，第6章由黄海松、魏建安撰写。此外，作者团队朱云伟、吴锐、陈华林、孟森等硕士和博士研究生10余人参与了本书有关内容的整理和校对工作，在此向他们一并表示感谢。

与本书内容相关的研究工作得到了国家自然科学基金项目、贵州省高层次创新型人才项目等的支持，特此感谢。

由于作者水平有限，书中难免存在一些不妥之处，敬请广大读者批评指正。

作　者

2023年12月

目　　录

第1章 绪 论

近年来，随着人工智能、信息、传感器等关键核心技术的迅猛发展，制造业与信息化正进行着深度融合。我国的《"十四五"智能制造发展规划》《机械工程学科发展战略报告(2021～2035)》《国家中长期科学和技术发展规划纲要(2006—2020年)》，德国的《工业4.0》规划，美国的《制造业再复兴》规划都明确将智能制造及其相关核心技术列为重点发展或者突破的领域[1-3]。因此，在此大背景下，对高端机械装备进行智能运维显得尤为关键，这是实现智能制造的必由之路。

本章介绍机械设备智能化状态监测与剩余使用寿命(remaining useful life, RUL)预测的需求和作用，以及机器学习在装备预测与健康管理(prognostic and health management, PHM)中的作用；对现有的轴承故障诊断、状态监测和RUL预测方法进行总结和分析，并探讨轴承智能状态监测、故障诊断和RUL预测领域所面临的一系列挑战性问题和难点问题；介绍三种滚动轴承公开数据集，以及人工故障试验、工程实际轴承破坏试验、轴承加速退化试验等。

1.1 引 言

1.1.1 智能制造概述

智能制造(intelligent manufacturing, IM)最早出现在1988年由美国P.K.Wright与D.A.Bourne教授出版的专著 *Manufacturing Intelligence* 中，它自提出以来备受各国关注与重视，部分发达国家相继推出具体的研究和发展计划，将它视为21世纪的先进制造技术与尖端科学[4]。智能制造的出现、发展与四次工业革命及相关技术、产业的发展密切关联。第一、二次工业革命分别将制造业逐步带入机械化、电气化时代[5]，第三次工业革命出现之后[6]，代表性新型制造范式的术语"柔性制造单元(flexible manufacturing cell, FMC)""柔性制造系统(flexible manufacturing system, FMS)""计算机集成制造(computer integrated manufacturing, CIM)""智能制造""智能制造系统(intelligent manufacturing system, IMS)"等逐渐出现[7]。在过去30多年中，智能制造从概念到产业化不断发展和进步，并逐渐融入新兴的第四次工业革命中。这一概念广泛出现在各种著作、期刊文章及各国研究与合作项目报告中，它对于推动制造业的智能化和高效化发挥了重要作用[8]。

　　学术界关于"智能制造"的定义和描述有多种。例如，Lu 等[9]认为智能制造主要是应用新一代信息通信技术，以满足制造系统中不断变化的需求和条件。Li 等[10]认为智能制造是一种新的制造范式和技术手段，通过整合不同技术，优化制造系统要素。Ying 等[11]强调智能制造需要应用物联网技术和相关信息技术，以实现横纵向集成，提高生产力，满足个性化需求。林汉川等[12]认为智能制造是由智能机器和人类专家共同组成的智能系统，可以将智能活动嵌入到生产制造过程中，并通过人与智能机器的合作来取代人类专家的部分脑力劳动。许多组织也都给出了自己对智能制造的定义或描述。例如，美国智能制造领导联盟(Smart Manufacturing Leadership Coalition, SMLC)将智能制造定义为制造企业能够在任何需要的时间和场合，使用合适形式的数据、拥有合适知识的员工、合适的技术和操作来生产产品[13]。我国《智能制造发展规划(2016—2020 年)》中定义智能制造为一种新型的生产方式，基于新一代信息通信技术与先进制造技术的深度融合，贯穿于设计、生产、管理、服务等制造活动的各个环节，具有自感知、自学习、自决策、自执行、自适应等功能[14]。德国《工业 4.0》中并没有明确定义智能制造，但指出普遍应用的术语如"智能生产""智能制造""智能工厂"等，特指数字化和网络化的制造系统[15]。

　　随着制造业战略和新型互联网技术以及新型人工智能技术的发展，如何实现制造业的升级和转型，创造以用户为中心、数据驱动、互联互通、协同化、个性化、共享、柔性和智能的新型制造业模式已经成为国内外学者和制造企业关注和研究的焦点。我国的制造业正面临着许多困境，其中包括：核心技术不足，大部分制造企业依赖人力和代工，需要从国外购买制造装备或制造过程中的核心技术，导致制造企业总体上显得庞大但不强大，利润微薄；创新能力不足，数字化、协同化水平普遍不高，缺乏技术创新、制造模式创新、产业形态创新，以及新兴技术与传统制造业的融合创新；产业链不够完善，某些智能制造领域中的零部件需要进口，企业间缺乏高效协同，未能形成产业先进、技术先进、管理先进、模式先进的制造业新业态。

　　近年来，随着新型传感技术、模块化硬件设计技术、先进控制与优化技术、系统协同技术、实时通信网络技术、功能安全技术、特种工艺与精密制造技术、识别技术以及故障诊断与健康维护技术等智能制造关键技术的飞速发展，上述挑战性问题迎刃而解。这些技术旨在提高传感灵敏度、精度、可靠性和环境适应性，优化多层次性能评估，提高运动控制技术和信息处理技术，同时提高可靠性和安全性，可以应用于不同的行业和领域，包括工业、制造、通信等。

　　特别地，故障诊断与健康维护技术在现代制造业中具有非常重要的意义。通过在线或远程状态监测与故障诊断，可以及时发现和解决设备故障，降低设备停机时间和生产成本；通过自愈合调控和损伤智能识别，可以减少设备损坏和提高设备寿命，也可以减少对环境的影响；通过重大装备的寿命测试和剩余寿命预测技术，可以对设备的使用寿命进行科学合理的评估，为设备的更新和维修提供指导。因此，故障诊断与健康维护技术对于提高制造业的生产效率和质量具有重要意义。

1.1.2　机械设备状态监测与预测的意义

从 20 世纪 60 年代开始，设备故障导致航天和军事领域的事故频繁发生。为了避免这种灾难性后果，美国率先开始研究设备状态监测和故障诊断技术，并在航天和军事领域应用。利用机械设备状态监测和故障诊断技术可以大大提高系统的稳定性、安全性、可靠性和故障预知性，而当时对设备状态的监测和故障诊断分析主要依靠人工进行。20 世纪 70 年代，这项技术迅速发展，开始利用传感器测试技术对设备进行监测和诊断，并广泛应用于工业生产领域。到了 80 年代，随着计算机技术的发展和普及，开始出现以计算机网络为核心，基于现代信号处理理论、软计算、智能化信息处理的机电设备监测和故障诊断技术，并在全球得到广泛应用。随着设备复杂度的提高，设备运行状态监测往往存在测点多、采样频率高、数据接收时间等特点，使得状态监测数据呈指数级增长；同时，随着应用环境的日趋复杂，各类经典物理模型的使用程度逐渐受限，因此，从大量的监测数据入手，分析、挖掘以及有效利用故障的演化规律，成为一个切实可行的思路。随着近几年来机器学习、深度学习、迁移学习等核心技术的突破，智能健康预警及故障预测应运而生。对于该技术进行研究，为解决大型复杂装备和攻坚零部件存在的可靠性、安全性、维护性等问题提供了一条新的重要途径。智能健康预警主要包括早期的故障监测和故障诊断。早期的故障监测主要用于可能发生的故障初期的预警，通过对目标对象进行状态监控，在故障发生伊始即实现准确、可靠的检测，有利于及时维修，避免严重事故的发生；故障诊断主要研究故障发生时间，对故障类型、故障位置及故障原因进行精准分析。为此，装备监测与故障诊断技术作为一种新兴的、有广泛实际应用价值的交叉型工程应用性科学技术，在提高设备运行的可靠性、安全性、维护性等方面具有非常重要的实际应用价值。

1) 工业生产中的意义

现代化工业的装备系统具有许多特点，包括连续、高速、复杂、大型和高度自动化。这些系统发生非预知性故障时，会造成巨大的停机损失。为了实现高效、安全、可靠、低成本的运行，预知性维护至关重要。机器状态监测与故障诊断技术的普遍原理已经被广泛应用于许多行业的装备中，以实现设备的高效运行。这项技术不仅可用于大型联机系统的在线监测与诊断，还可用于许多单机的关键部位。开展机器状态监测与故障诊断，除了提高管理水平、确保设备安全可靠外，还可获得较高的经济效益系数 C，通常为 30～60($C=B/A$，其中 A 为开展监测与诊断耗费的成本；B 为直接节约的费用)。由于工业设备多为大型设备，状态监测与故障诊断技术系统具有重大价值。

2) 预防事故，保障人身、设备等财产的安全

故障预测技术作为故障诊断技术的一种扩展，可以提高大型复杂设备的可靠性。以轴承故障预测建模为例，通过分析轴承的工况数据建立全生命周期的演化退化模型，并对轴承剩余寿命进行准确预测，方便在故障发生之前及时更换或维修受损零部件，可以延长设备的使用寿命。因此，有效预测故障，可以避免设备损坏、废品生成、人员伤亡等重大损失。

3) 推动设备维修制度的改革及显著提高经济效益

传统的设备维护方式是有计划性的定期维修，这种方法存在很大的盲目性，难以准确识别设备故障的存在、类型、部位和程度。此外，频繁拆卸设备的好部件往往导致其机械性能下降，甚至低于维修前的状态。超前维修也会带来人力和物力的浪费。由于现代化工设备的连续、高速、复杂、大型、高度自动化，故障诊断技术变得越来越重要。然而，设备状态监测和故障诊断技术的研究和应用仍然很欠缺。

现代化设备的维护方法正在向科学、经济和安全有效的预测性维护(predictive maintenance, PdM)转变，该方法基于状态监测技术，通过对设备系统部件的定期或连续状态监测，预测设备未来的状态发展趋势和可能的故障模式，制订预测性维护计划，以达到减少停机时间、降低维修费用、提高维修质量、延长设备寿命、优化设备运行性能等目的。通过 PdM 技术，现代设备管理、现代信息通信技术和设备运行变化内在本质得到了有机结合，可以为现代工业降低生产成本提供有效途径。通过 PdM 技术可以实现对在智能设备中各个部件的实时检测，以检测到的状态参数为基础，预测设备未来的工作状况，进而实现智能装备的预测性维护。同时，通过建立装备在线长期连续运行参数档案，可以为制造设计和改造设计提供有力依据。

1.1.3　数据驱动与机器学习的实践意义

数据驱动是一种以数据或观测值为起点的问题求解方法，它运用启发式规则来寻找和建立内部特征之间的关系，从而发现一些定理或定律。通常，数据驱动也指基于大规模统计数据的自然语言处理方法。相比之下，机器学习是一门涉及多个学科的交叉学科，包括概率论、统计学、逼近论、凸分析、算法复杂度理论等，它专门研究计算机如何模拟或实现人类的学习行为，以获取新的知识或技能，重新组织已有的知识结构以不断改善自身的性能。机器学习的直观定义是使用计算机程序来模拟人类的学习能力，从实际数据中学习知识和经验，并进行推断和决策。因此，机器学习可以被看作数据驱动下的机器认知科学，它已经广泛应用

于各个领域，如医疗保健、生产制造、教育培训、金融建模和市场营销等，在故障诊断领域中也已经有大量的应用研究。

随着大数据时代的到来，机器学习变得更加有效，可以从海量的数据中提取信息、学习知识和经验。在机器学习的发展过程中，从浅层学习向深度学习的转变是一个重要的进步。1986 年，Rumelhart 等[16]提出了基于误差反向传播的学习思路，使得人工神经网络得以训练。但是，由于在训练多层神经网络时面临梯度消失或爆炸、收敛到局部最优解等问题，计算力的限制和数据缺乏影响了神经网络的应用[17]。因此，在此期间，浅层模型如支持向量机、决策树和提升机等方法得到广泛应用，但是这些模型难以解决复杂的问题，且存在过拟合的风险。Hinton 等提出了基于无监督受限玻尔兹曼机的逐层贪婪预训练方法，有效地改善了神经网络优化困难的问题[18]。随着计算能力和数据积累的进步，以及算法的改进，训练深层、复杂的神经网络重新成为可能，深度学习因此而兴起。深度学习模型，如深度信念网络、卷积神经网络和长短期记忆神经网络等，对于解决复杂问题显示出突出的优势。万能逼近定理确保深度神经网络能够模拟出任意复杂的函数，因此可以响应来自数据的微妙变化[18]。

当前，浅层学习和深度学习模型都被广泛地应用于各个领域。对于适应变化的故障预测，使用者需要从多个角度去选择合适的机器学习算法，包括数据类别、样本量大小和模型特点等方面。因为不同的机器学习算法在不同的情境下会表现出各自的优劣，使用者需要仔细考虑选择哪种算法可以更好地满足他们的需求。

1.2　国内外研究现状

当机械设备中的典型零部件(如轴承等)出现异常时，会引起系统性物理信息的变化。为了全面了解机械设备的运行状况，需要采集更多的机械设备信息，并通过基于数据或模型的分析来实现有效的智能监测与故障诊断。因此，故障诊断的本质在于利用获取的机械设备信号或模型信息进行有效的诊断与分析。

目前，故障诊断技术主要分为两种类型：基于模型驱动和基于数据驱动。研究表明，基于模型驱动的故障诊断方法存在一定的局限性，只适用于特定的机械装备，并需要获得机械装备和模型的先验知识。基于模型驱动的故障诊断方法通常需要提取机械装备健康状况的特征量，然后利用相应的智能算法进行诊断。虽然基于模型驱动的故障诊断方法具有较高的诊断精度，但实现过程复杂且适用性较差。基于数据驱动的方法主要从历史数据中挖掘设备的描述关系与信息，并以此来映射数据与故障类型之间的关系。数据驱动型技术在以滚动轴承等为代表的机械系统关键零部件故障诊断领域得到广泛的应用与发展，其诊断泛化性能较强。

1.2.1 数据驱动的机械设备状态监测的研究现状

基于机器学习的滚动轴承智能故障模式识别过程为，首先使用信号处理技术对振动和噪声信号进行特征提取，构造故障特征向量，然后利用机器学习技术如深度神经网络和迁移学习来进行故障模式的识别。机器学习在滚动轴承故障诊断中的应用可以分为三个阶段：基于人工神经网络的滚动轴承故障诊断、基于深度学习的滚动轴承故障诊断和基于深度迁移学习的滚动轴承故障诊断。

1) 基于人工神经网络的滚动轴承故障诊断

20 世纪 80 年代，Hiton 和 Rumelhart 等著名学者发表了两篇关于人工神经网络 (artificial neural network, ANN) 的论文[16,19]，引发了学者对 ANN 研究的热潮。ANN 包括反向传播神经网络 (back propagation neural network, BPNN)、径向基函数 (radial basis function, RBF) 神经网络、自组织竞争 (self-organizing map, SOM) 神经网络、Hopfield 神经网络和 Elman 神经网络等。Samanta 等[20]使用 BPNN 对轴承的振动时域特征进行训练，实现了简单信号预处理和少量特征提取的诊断方法。Malhi 等[21]以轴承试验台为研究对象，使用主成分分析 (principal component analysis, PCA) 进行特征选择，并采用有监督和无监督的缺陷分类算法验证了该方法的有效性。Seera 等[22]提出了一种混合智能模型，将模糊最小、最大神经网络和随机森林算法结合，对滚子轴承进行故障分类。国内学者在吸收国外研究成果的基础上，积极开展了滚动轴承故障诊断的相关研究[23]。其中，皮骏等[24]针对航空发动机轴承故障，对遗传算法进行改进并应用于 BPNN 的优化，提出了一种优化的 BPNN 故障诊断模型。李巍华等[25]提出了一种利用轴承振动时域、频域分析和萤火虫神经网络进行电机滚动轴承故障诊断的方法。徐桂云等[26]将 PCA 与 RBF 神经网络结合进行轴承数据融合诊断，取得了很好的效果。国内的滚动轴承故障诊断研究主要集中在对 ANN 模型的改进和与信号处理技术的结合应用方面。这类诊断方法存在一些问题，如需要大量样本进行训练才能建立 ANN 模型，模型的泛化性能低，存在过学习、不能解决小数据样本等问题。

1995 年，支持向量机 (support vector machine, SVM) 被提出，其核心思想是将低维数据映射到高维空间，以解决小样本、非线性等问题。Widodo 等[27]总结和回顾了机器状态监测与故障诊断中采用 SVM 的最新研究进展，肯定了 SVM 方法所具有的优异性能。郭磊等[28]为了改善 SVM 分类器的性能，提出了一种小波核函数的 SVM 故障分类器来对轴承进行故障诊断，获得了更高的正确率。周建民等[29]针对滚动轴承的退化状态识别问题，采用时域方法和集合经验模态分解 (ensemble empirical mode decomposition, EEMD) 能量熵来提取轴承特征，应用遗传算法优化的 SVM 进行状态识别。然而，SVM 方法也存在着过学习、核函数选择困难、耗时、不适应大训练样本等固有缺陷。

在滚动轴承及其他机械部件的故障诊断中，传统的机器学习方法如 ANN 和 SVM 等已经取得了巨大的成功，它们结合了小波包分解、经验模态分解(empirical mode decomposition, EMD)、PCA、奇异值分解(singular value decomposition, SVD)等特征提取方法，可用于故障识别。然而，传统的智能诊断方法对于信号特征提取方面要求较高，需要掌握大量的信号处理技术和工程实践经验，这造成了一定的局限性。此外，特征提取和智能诊断是分开处理的，没有考虑它们之间的关系。在模型训练时，采用浅层模型来表征信号与健康状态之间的复杂映射关系，会导致模型在面对机械大数据时存在诊断能力和泛化性能上的缺陷。

2)基于深度学习的滚动轴承故障诊断

2006 年，深度学习(deep learning, DL)的出现成为了人工智能中的一个重要里程碑，也为现代智能故障诊断技术开启了新的篇章。Hiton 教授在 *Science* 上阐述了 DL 的理论，与浅层网络相比，深度网络具有多个隐含层，有更好的信息提取和特征表达能力[30]。深度置信网络(deep belief network, DBN)、自编码器(stack auto-encoder, SAE)、卷积神经网络(convolutional neural networks, CNN)等都是典型的 DL 模型[31]。DL 是一种基于数据驱动进行特征学习的方法[32]，目前已成为机器学习中最为热门的研究领域。一些研究者应用 DL 方法对轴承故障进行监测和诊断。例如，Oh 等[33]通过生成二维图像对来自传感器的振动信号进行预处理，用梯度直方图进行了特征描述，并使用无监督方法对轴承转子系统进行诊断。Guo 等[34]应用 CNN 对轴承故障进行监测和诊断。为了提高 DBN 故障诊断的可靠性，Chen 等[35]将不同传感器信号中提取的时域和频域特征信息在多层 SAE 神经网络中进行特征融合，将融合后的特征向量用于训练 DBN。张西宁等[36]提出了一种以小尺度卷积核跳动方式进行降采样的方法，从而解决了常见的最大池化丢失大量信息和平均池化模糊重要特征的问题，在此基础上建立了深度卷积神经网络和变工况滚动轴承故障诊断模型。康玉祥等[37]构建了深度残差对冲网络的滚动轴承故障诊断方法，利用堆叠卷积对冲结构块来加快网络收敛速度，并设计了新的恒等映射块，实现了输入层与中间各层的残差连接。针对迁移学习中不能合理评估源域和目标域相似性的问题，李霁蒲等[38]提出了深度卷积对抗迁移网络，利用动态对抗的策略动态地调整迁移学习策略，以实现主轴轴承故障诊断。但是，深度学习在智能故障诊断领域也面临着一些挑战和限制。例如，深度学习需要大量的标注数据来进行训练，而这在某些实际应用中可能很难获得。深度学习模型的可解释性也是一个重要的问题，因为它通常是黑盒模型，难以解释其预测结果的原因。此外，深度学习模型的复杂度很高，需要大量的计算资源和时间来训练和推断，这也是实际应用中需要考虑的问题。

总之，ANN、SVM、DL 等机器学习算法在滚动轴承故障模式识别方面得到广泛应用，但它们各有优劣，需要根据实际情况选择合适的机器学习诊断模型。

目前，在滚动轴承故障诊断中，机器学习仍需要加强以下几个方面的研究：①加强理论研究，提高机器学习模型结构的完善性；②研究解决变工况和复杂情况下导致机器学习模型性能降低的问题；③结合智能进化算法将浅层学习与深度学习进行融合；④研究信号样本预处理方法，以提高机器学习模型的准确率与可解释性。

3）基于深度迁移学习的智能故障诊断

深度神经网络的优势在于"特征提取"，但是其性能通常依赖于大量训练数据，并要求测试和训练数据满足独立同分布，因此在数据量少、场景变化和任务变化等情况下并不适用。迁移学习作为一种新的机器学习范式，可以从一个或多个相关场景中提取知识以帮助提升目标域场景的学习性能，它不仅减少了对数据量的要求，同时放松了独立同分布的假设，为解决上述问题提供了一种新的思路。Pan等[39]将迁移学习定义为一种基于数据、任务和模型相似性的方法，它可以将一个领域中学到的知识迁移到相似的另一个领域。相比传统的机器学习和深度学习方法，迁移学习从累积的知识出发，可以发现问题的共性，将模型在一些任务上学习到的通用知识迁移到相似的任务上，使模型具备举一反三的学习能力。2016 年，前百度首席人工智能科学家吴恩达教授在神经信息处理系统大会(conference and workshop on neural information processing systems, NIPS)上指出：迁移学习将引领下一代机器学习技术工业化应用浪潮[40]。根据源域和目标域数据标签是否可用，迁移学习可分为无监督式迁移学习、归纳式迁移学习及直推式迁移学习。

如表 1.1 所示，在无监督式迁移学习中，源域和目标域都只有无标签数据。无监督式迁移学习旨在利用无标签的源域和目标域数据，减少两者的分布差异，以实现目标域任务的聚类、降维和密度估计等[41]。在归纳式迁移学习中，源域有大量标签数据或无标签数据，而目标域只有少量标签数据，该方法主要研究如何从大量的无标签或标签源域数据中获取有用知识，迁移到具有少量标签样本的目标域任务中，其应用领域包括自学习和多任务学习等问题[42]。在直推式迁移学习中，源域有标签数据，而目标域只有无标签数据，该方法旨在将标签源域数据的相关知识迁移到无标签数据的目标域任务中，其应用领域包括域适配和样本选择偏差等问题[43]。早期经典的迁移学习方法包括 TrAdaBoost[44]、迁移成分分析(transfer component analysis, TCA)[45]和传递迁移学习(transitive transfer learning, TTL)[46]等。随着深度学习的发展，结合深度神经网络和迁移学习技术的深度迁移学习方法逐渐成为新的研究热点。基于调优(fine-tune)的模型迁移、基于统计度量的多层适配以及深度对抗训练等迁移学习方法相继应用于计算机视觉、自然语言处理和医疗诊断等领域[47]。这些方法极大提升了相关任务的学习性能，掀起了深度迁移学习的研究热潮。在故障诊断领域，一些学者采用传统方法如时频域特征和迁移成分分析[48]、奇异值分解和 TrAdaBoost 迁移算法[49]以及神经网络辅助训练分类器[50]等，开展了关于迁移学习智能诊断方法的研究。此外，将深度神经网络和迁移学习技术相结合，研究基于特征表示的深度迁移学习方法，在变转速、变负荷条件下的机械故障诊断方面也有了初步的探索和应用[45]。Lu 等[51]和 Wen 等[52]分别提出了深度神经网络诊断模型和深度域适配网络诊断模型，来改进故障诊断任务的分类性能。Shao 等[53]通过对 ImageNet 上预训练的 AlexNet 模型进行调优，并采用时频图，实现了在小样本下轴承故障的精确诊断。Han 等[54]提出了一种深度对抗迁移网络诊断模型，该模型采用梯度反转层和随机梯度下降法，可在不同载荷的迁移任务上实现良好的分类精度和泛化能力。

表 1.1　迁移学习分类

迁移学习类别	相关领域	源域标签	目标域标签	任务
无监督式	—	不可用	不可用	聚类、降维等
归纳式	多任务/自主学习	可用/不可用	可用	回归、分类等
直推式	域适配/样本选择偏差	可用	不可用	回归、分类等

1.2.2　数据驱动的机械设备剩余使用寿命预测的研究现状

本节以刀具的 RUL 预测为例，介绍数据驱动的机械设备 RUL 预测的研究现状。使用人工智能技术的刀具剩余寿命预测方法不需要建立物理模型或统计模型，而是通过完全遍历的数据学习刀具磨损过程。因此，该方法在刀具剩余寿命预测方面得到广泛应用，其中包括神经网络、支持向量机和深度学习等技术。

1）神经网络

神经网络在刀具寿命预测方面具有很强的适应性和容错性，可用于逼近连续的非线性函数[55]。Khorasani 等[56]使用神经网络和 Taguchi 实验设计方法研究了刀具寿命预测中切削速度、切削深度和进给速度对预测结果的影响，结果表明三个铣削参数均对刀具寿命预测有重要影响。Paul 等[57]使用神经网络建立了切削力、刀具振动位移、进给量和切削深度与刀具磨损的映射关系，预测刀具后刀面磨损量的准确性高于线性回归模型。Scheffer 等[58]使用神经网络和隐马尔可夫模型(hidden Markov model, HMM)预测了车削刀具磨损。Ghosh 等[59]通过提取时域和频域特征，应用神经网络方法建立了多传感器融合的铣削刀具状态预测模型，他们研究发现，相比单个传感器，多传感器的数据融合可提高刀具磨损预测精度。Kaya 等[60]使用神经网络建立了三向切削力、扭矩和切削参数与刀具磨损的预测模型。

2）支持向量机

支持向量机(SVM)是一种广泛应用于刀具剩余寿命预测的方法，它通过核函数将原始空间中的输入样本非线性映射到高维特征空间，在高维特征空间里对原始空间的非线性问题进行求解。Kumar 等[61]提出了一种基于车削工件表面图像和支持向量回归的刀具磨损预测方法,该方法使用灰度共生矩阵和离散小波变换对图像纹理进行分析,并在工件表面图像上提取了八个特征,然后将这些特征输入至支持向量机来预测刀具磨损。Zhang 等[62]考虑切削参数、刀尖点位置与刀具磨损的关系,利用建立的基于最小二乘支持向量机 (least squares support vector machine, LSSVM) 的刀具磨损预测模型进行了九组切削试验,结果表明,该模型平均百分比绝对误差为 10.41%,并分析了不同切削参数对刀具寿命的影响规律。Shi 等[63]基于主成分分析和 LSSVM 建立了刀具磨损预测模型,该模型的磨损量预测值与光学扫描显微镜测量的实际值的一致性较好。此外,Zhang 等[64]还建立了基于 LSSVM 和卡尔曼滤波器的刀具磨损预测模型,进行了九组切削试验,结果表明,LSSVM 的平均绝对百分比误差达到 5.09%,而 LS-KF 的平均绝对百分比误差仅为 2.85%。Yang 等[65]采用单纯形法和留一法分别提升了 LSSVM 的全局搜索和局部搜索能力,并使用该方法建立了刀具磨损量预测模型,进行了八组切削试验,结果表明,该方法的平均绝对百分比误差仅为 2.71%。虽然支持向量机具有良好的非线性映射能力,但是它的网络结构和模型参数都主要依靠人工经验确定,对刀具磨损预测精度影响较大。

3) 其他数据驱动方法

除了神经网络和支持向量机,其他人工智能方法也被应用于刀具剩余寿命预测领域。Kong 等[66]在研究中针对噪声对预测精度和稳定性造成的影响,提出了一种集成径向基函数的核主成分分析方法 (kernel principal component analysis-integration radial basis function, KPCA-IRBF),用于增加特征维数并削弱噪声对预测性能的负面影响,然后使用关联向量机建立刀具磨损预测模型,研究结果表明,KPCA-IRBF 可以将关联向量机的刀具磨损预测值的均方根误差降低 30%以上,以及平均宽度压缩 90%以上。Wu 等[67]提出了一种基于随机森林的刀具磨损预测方法,并将该方法与前馈反向传播神经网络、支持向量回归方法进行比较,结果表明,基于随机森林的刀具磨损预测方法的精度更高。Zhao 等[68]从多种类型的传感器信号中提取了多维特征,并使用长短时间记忆网络进行刀具磨损预测。

1.2.3　异常状态监测与剩余使用寿命预测所面临的难点与挑战

在行业数据方面,当前面临的挑战主要包括以下几点[69]:

(1) 数据质量问题。监测和预测模型的性能很大程度上取决于历史运维数据的数量和质量。但是,对监测数据进行注释往往严重依赖于工程经验。在实际工程中,随着嵌入设备智能传感器的增加,越来越容易积累大量监测数据。然而,这些数据往往具有缺少正确维护记录、缺少相关参数、存在强噪声耦合等特点,因此,使用者必须对数据质量进行监测和提升。

(2) 数据不均衡问题。设备各种健康状态下的数据不均衡是一种普遍现象。这是因为为了保证生产的安全性和效率，设备通常在正常状态下运行，因此可以轻松地收集到大量的正常状态下的数据。相比之下，各种故障状态下的数据难以收集，甚至只有几个数据。以迁移学习为例，在源域和目标域中，数据都呈现不均衡分布，学习器总是只关注总体精度，这将会使决策边界出现偏差，即对故障类别的诊断准确率将远远低于正常类别的诊断准确率。尽管一些研究人员一直在关注这种问题的解决，但是所提出的方案难以在更加复杂和不确定的行业环境中处理不均衡问题。

（3）多源异构数据问题。工程实际是典型的多源异构数据环境。在风电场中，存在大量多源异构数据，如电流、声发射、振动信号、环境指标、工况信息和控制参数等。由于多源异构数据可为同一机器健康状态提供不同的信息，因此可以将诊断知识从一个传感器的数据传递到另一个传感器的数据，这可以大大提高算法的稳定性和可靠性。但目前针对极端复杂环境下的多源异构数据学习还比较少，如多传感器之间的异构迁移学习等。

1.3　试验数据简介

1.3.1　轴承数据集

1. IMS 轴承数据集

IMS 轴承数据集是由辛辛那提大学智能维护系统中心提供的，数据来源于三种不同的全生命周期试验，试验采样率 20kHz，轴转速 2000r/min，径向载荷 6000lbs。这些试验模拟了最终系统内的轴承可能经历的故障形式，包括内圈故障、滚动体故障和外圈故障等失效形式。具体来说，在第 1 组试验结束时（2004.04.18 02:42:55），轴承 3 的外圈被破坏（2004.04.18 02:42:55）。IMS 轴承试验系统及轴承故障形式如图 1.1 所示。

2. CWRU 轴承数据集

CWRU 轴承数据集来源于美国凯斯西储大学电气工程实验室，该数据集收集了安装在感应电机输出轴的支撑轴承上端机壳上的振动加速度传感器的振动信号。数据集基于的试验采样频率为 12kHz，时长 1s，涉及 4 种不同的振动状态，包括正常工作状态、轴承内圈发生故障工作状态、轴承外圈发生故障工作状态和轴承滚动体发生故障工作状态，每种故障状态都包含 3 种不同的故障程度，分别是轻度损伤（故障尺寸为 0.1778mm）、中度损伤（故障尺寸为 0.3556mm）及重度损伤（故障尺寸为 0.5334mm）。CWRU 轴承试验系统及轴承故障形式如图 1.2 所示。

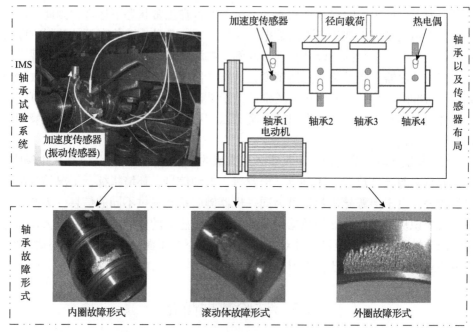

图 1.1　IMS 轴承试验系统及轴承故障形式

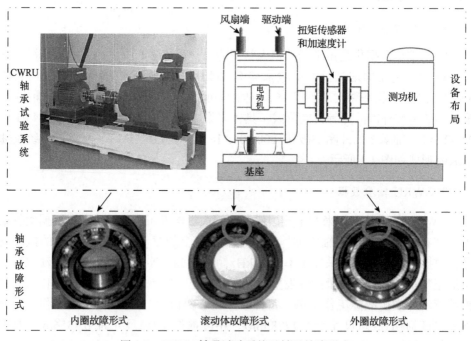

图 1.2　CWRU 轴承试验系统及轴承故障形式

3. PHM2012 轴承数据集

PHM2012 轴承数据集由轴承加速退化试验平台 PRONOSTIA (an experimental platform for bearings accelerated degradation tests)[70] (图 1.3) 采集。在该平台上进行了不同工况下的滚动轴承加速退化试验，提供了从正常运行到发生故障的全生命周期实测数据。这些数据可用于验证滚动轴承的状态监测和剩余使用寿命预测算法，并作为权威数据集，在 2012 年 IEEE 可靠性协会和 FEMTO-ST (Franche-Comté Electronics Mechanics Thermal Science and Optics-sciences and Technologies) 研究所组织的预测性维护比赛中成功应用。PHM2012 轴承加速退化试验模拟了三种工况，其中工况 1 为电机转速 1800r/min 且负载 4000N，工况 2 为电机转速 1650r/min 且负载 4200N，工况 3 为电机转速 1500r/min 且负载 5000N。工况 1 和工况 2 各包含 7 个滚动轴承，工况 3 包含 3 个滚动轴承。每种工况下，实测数据包含水平和垂直方向的振动信号以及温度信号，但由于数据不全，本节只使用振动信号进行试验验证。振动信号的采样频率为 25.6kHz，每 10s 采样一次，每次采样时间为 0.1s，因此，每个时间段的数据集仅包含 2560 个振动点。由于数据十分有限，这给预测性维护研究带来了较大的挑战。

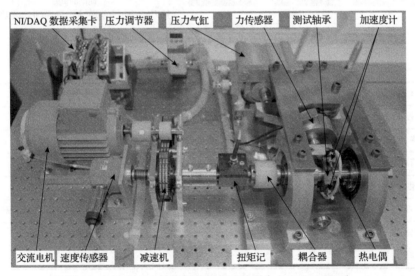

图 1.3　PHM2012 轴承加速退化试验平台 (PRONOSTIA)

1.3.2　刀具数据集

PHM2010 铣刀数据集是由美国纽约 PHM 学会在 2010 年高速数控机床刀具健康预测竞赛中提供的开放数据。PHM2010 铣刀全生命周期试验装置如图 1.4 所示，铣削试验条件详见表 1.2。在这些条件下，切削试验重复进行 6 次全寿命周期试验，每次走刀端面铣削的长度为 108mm，每次走刀时间相等。在每次走刀后，记录后刀面磨损量。数据集（C1～C6）收集了 3 个方向的铣削力信号、3 个方向的铣削振动信号以及声发射的均方根值。然而，只有 C1、C4 和 C6 提供了磨损值标签。

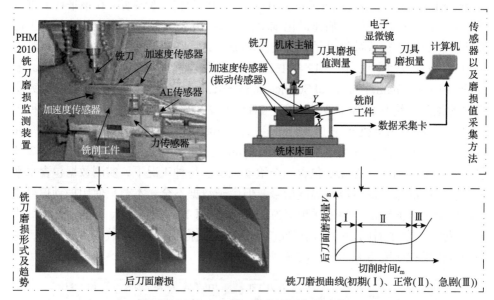

图 1.4　PHM2010 铣刀全生命周期试验装置

表 1.2　铣削试验条件

硬件条件	型号、参数	切削条件及参数
数控铣床	高速数控机床（Roders Tech RFM760）	主轴转速：10400r/min
测力仪	三向测力仪（Kistler 9265B）	进给速度：1555mm/min
电荷放大器	多通道电荷放大器（Kistler 5019A）	轴向切削深度：0.2mm
洗削材料	正方形（Inconel 718）	径向切削宽度：0.125mm
刀具	球头硬质合金铣刀（3 齿）	单一循环走刀进给量：0.001mm
数据采集卡	NI/DAQ	采用频率：50kHz
磨损测量器	Leica MZ12 电子显微镜	切削条件：干切

1.4　本 章 小 结

本章首先以机械设备智能故障监测与预测为例对智能制造进行概述；接着，阐述了设备状态监测与预测以及数据驱动机器学习的理论与实践意义；然后，分别介绍了数据驱动智能故障监测与 RUL 预测的国内外研究现状；最后，介绍了本章所涉及的试验数据集，为后续章节的试验验证作支撑。

参 考 文 献

[1] 毛文涛, 李源, 陈佳鲜. 基于机器学习的轴承智能健康预警与故障预测[M]. 北京: 科学出版社, 2021.

[2] 国务院. 国家中长期科学和技术发展规划纲要(2006—2020 年)[J]. 中华人民共和国国务院公报, 2006, (9): 7-37.

[3] 国家自然科学基金委员会工程与材料科学部. 机械工程学科发展战略报告(2011—2020)[M]. 北京: 科学出版社, 2010.

[4] 刘建萍. 制造业的新技术革命——智能制造[J]. 机电产品市场, 2001, (1): 32-34.

[5] 张武杰. 机电产品智能制造的绿色性评估方法及应用研究[D]. 杭州: 浙江大学, 2019.

[6] 吕文晶, 陈劲, 刘进. 第四次工业革命与人工智能创新[J]. 高教文摘, 2018, (3): 4-7.

[7] Kusiak A. Smart manufacturing[J]. International Journal of Production Research, 2018, 56(1-2): 508-517.

[8] 王媛媛. 智能制造领域研究现状及未来趋势分析[J]. 工业经济论坛, 2016, 3(5): 530-537.

[9] Lu Y, Ju F. Smart manufacturing systems based on cyber-physical manufacturing services (CPMS)[J]. IFAC-PapersOnLine, 2017, 50(1): 15883-15889.

[10] Li B, Hou B, Yu W, et al. Applications of artificial intelligence in intelligent manufacturing: A review[J]. Frontiers of Information Technology & Electronic Engineering, 2017, 18(1): 86-96.

[11] Ying W, Pee L G, Jia S. Social informatics of intelligent manufacturing ecosystems: A case study of Kute Smart[J]. International Journal of Information Management, 2018, 42: 102-105.

[12] 林汉川, 汤临佳. 新一轮产业革命的全局战略分析——各国智能制造发展动向概览[J]. 人民论坛·学术前沿, 2015, (11): 62-75.

[13] Smart Manufacturing Leadership Coalition. Implementing 21st Century Smart Manufacturing[R]. Washington: SMLC Workshop, 2011.

[14] 工业和信息化部, 财政部. 智能制造发展规划(2016—2020 年)[A]. 2016.

[15] Kagermann H, Wahlster W, Helbig J. Securing the future of German manufacturing industry: Recommendations for implementing the strategic initiative INDUSTRIE 4.0[R]. Munich: Acatech, 2013.

[16] Rumelhart D E, Hinton G E, Williams R J. Learning representations by back-propagating errors[J]. Nature, 1986, 323(6088): 533-536.

[17] Bengio Y, Simard P, Frasconi P. Learning long-term dependencies with gradient descent is difficult[J]. IEEE Transactions on Neural Networks, 1994, 5(2): 157-166.

[18] Hornik K. Approximation capabilities of multilayer feedforward networks[J]. Neural Networks, 1991, 4(2): 251-257.

[19] Rumelhart D E, McClelland J L, PDP Research Group. Parallel Distributed Processing, Volume 1: Explorations in the Microstructure of Cognition: Foundations[M]. Cambridge: The MIT Press, 1986.

[20] Samanta B, Al-Balushi K R. Artificial neural network based fault diagnostics of rolling element bearings using time-domain features[J]. Mechanical Systems and Signal Processing, 2003, 17(2): 317-328.

[21] Malhi A, Gao R X. PCA-based feature selection scheme for machine defect classification[J]. IEEE Transactions on Instrumentation and Measurement, 2004, 53(6): 1517-1525.

[22] Seera M, Wong M L D, Nandi A K. Classification of ball bearing faults using a hybrid intelligent model[J]. Applied Soft Computing, 2017, 57: 427-435.

[23] 施杰. 基于差分进化的滚动轴承声振信号特征提取与故障诊断研究[D]. 昆明: 昆明理工大学, 2021.

[24] 皮骏, 刘鹏, 马圣, 等. 基于 MGA-BP 网络的航空轴承故障诊断[J]. 振动、测试与诊断, 2020, 40(2): 381-388, 423.

[25] 李巍华, 翁胜龙, 张绍辉. 一种萤火虫神经网络及在轴承故障诊断中的应用[J]. 机械工程学报, 2015, 51(7): 99-106.

[26] 徐桂云, 蒋恒深, 李辉, 等. 基于PCA-RBF神经网络的WSN数据融合轴承故障诊断[J]. 中国矿业大学学报, 2012, 41(6): 964-970.

[27] Widodo A, Yang B S. Support vector machine in machine condition monitoring and fault diagnosis[J]. Mechanical Systems and Signal Processing, 2007, 21(6): 2560-2574.

[28] 郭磊, 陈进, 朱义, 等. 小波支持向量机在滚动轴承故障诊断中的应用[J]. 上海交通大学学报, 2009, (4): 678-682.

[29] 周建民, 王发令, 张臣臣, 等. 基于特征优选和 GA-SVM 的滚动轴承智能评估方法[J]. 振动与冲击, 2021, 40(4): 227-234.

[30] Hiton B, Rahmat S T Y, Rhian I, et al. The impact of charismatic leadership on turnover intentions and organizational citizenship behaviors toward job satisfaction[J]. Russian Journal of Agricultural and Socio-Economic Sciences, 2019, 91(7): 302-309.

[31] 刘帅师, 程曦, 郭文燕, 等. 深度学习方法研究新进展[J]. 智能系统学报, 2016, 11(5): 567-577.

[32] 孟宗, 李晶, 龙海峰, 等. 基于压缩信息特征提取的滚动轴承故障诊断方法[J]. 中国机械工程, 2017, 28(7): 806.

[33] Oh K K, Choi I, Gupta H, et al. New insight into gut microbiota-derived metabolites to enhance liver regeneration via network pharmacology study[J]. Artificial Cells, Nanomedicine, and Biotechnology, 2023, 51(1): 1-12.

[34] Guo M, Lu J, Zhou J. Dual-agent deep reinforcement learning for deformable face tracking[C].

Proceedings of the European Conference on Computer Vision（ECCV），2018.

[35] Chen Z, Li W. Multisensor feature fusion for bearing fault diagnosis using sparse autoencoder and deep belief network[J]. IEEE Transactions on Instrumentation and Measurement, 2017, 66（7）：1693-1702.

[36] 张西宁, 屈梁生. 一种改进的随机减量信号提取方法[J]. 西安交通大学学报, 2000, 34（1）：106-107.

[37] 康玉祥, 陈果, 尉询楷, 等. 基于残差网络的航空发动机滚动轴承故障多任务诊断方法[J]. 振动与冲击, 2022, 41（16）：285-293.

[38] 李霁蒲, 黄如意, 陈祝云, 等. 一种用于主轴轴承故障诊断的深度卷积动态对抗迁移网络[J]. 振动工程学报, 2022, 35（2）：446-453.

[39] Pan S J, Yang Q. A survey on transfer learning[J]. IEEE Transactions on Knowledge and Data Engineering, 2010, 22（10）：1345-1359.

[40] 封帅. 人工智能时代的国际关系：走向变革且不平等的世界[J]. 外交评论（外交学院学报），2018, 35（1）：128-156.

[41] 陈祝云, 钟琪, 黄如意, 等. 基于增强迁移卷积神经网络的机械智能故障诊断[J]. 机械工程学报, 2021, 57（21）：96-105.

[42] 庄福振, 罗平, 何清, 等. 迁移学习研究进展[J]. 软件学报, 2015, 26（1）：26-39.

[43] 赵凯琳, 靳小龙, 王元卓. 小样本学习研究综述[J]. 软件学报, 2021, 32（2）：349-369.

[44] Zheng L, Liu G, Yan C, et al. Improved TrAdaBoost and its application to transaction fraud detection[J]. IEEE Transactions on Computational Social Systems, 2020, 7（5）：1304-1316.

[45] 施杰, 伍星, 柳小勤, 等. 变分模态分解结合深度迁移学习诊断机械故障[J]. 农业工程学报, 2020, 36（14）：129-137.

[46] Tan B, Song Y, Zhong E, et al. Transitive transfer learning[C]. Proceedings of the 21th ACM SIGKDD International Conference on Knowledge Discovery and Data Mining, 2015.

[47] 李维刚, 甘平, 谢璐, 等. 基于样本对元学习的小样本图像分类方法[J]. 电子学报, 2022, 50（2）：295-304.

[48] 康守强, 胡明武, 王玉静, 等. 基于特征迁移学习的变工况下滚动轴承故障诊断方法[J]. 中国电机工程学报, 2019, 39（3）：764-772.

[49] 张倩, 李海港, 李明, 等. 基于多源动态 TrAdaBoost 的实例迁移学习方法[J]. 中国矿业大学学报, 2014, 43（4）：713-720.

[50] 周飞燕, 金林鹏, 董军. 卷积神经网络研究综述[J]. 计算机学报, 2017, 40（6）：1229-1251.

[51] Lu J, Lin L, Wang W W. Partition-based feature screening for categorical data via RKHS embeddings[J]. Computational Statistics & Data Analysis, 2021, 157: 107176.

[52] Wen L, Gao L, Li X. A new deep transfer learning based on sparse auto-encoder for fault diagnosis[J]. IEEE Transactions on Systems, Man, and Cybernetics: Systems, 2017, 49（1）：

136-144.

[53] Shao X, Nie X, Zhao X, et al. Gait Recognition based on improved LeNet network[C]. IEEE 4th Information Technology, Networking, Electronic and Automation Control Conference（ITNEC）, 2020.

[54] Han T, Li Y F, Qian M. A hybrid generalization network for intelligent fault diagnosis of rotating machinery under unseen working conditions[J]. IEEE Transactions on Instrumentation and Measurement, 2021, 70: 1-11.

[55] Marei M, El Zaatari S, Li W. Transfer learning enabled convolutional neural networks for estimating health state of cutting tools[J]. Robotics and Computer-Integrated Manufacturing, 2021, 71: 102145.

[56] Khorasani A M, Yazdi M R S, Safizadeh M S. Tool life prediction in face milling machining of 7075 Al by using artificial neural networks（ANN）and taguchi design of experiment（DOE）[J]. International Journal of Engineering and Technology, 2011, 3（1）: 30.

[57] Paul P S, Varadarajan A S. A multi-sensor fusion model based on artificial neural network to predict tool wear during hard turning[J]. Proceedings of the Institution of Mechanical Engineers, Part B: Journal of Engineering Manufacture, 2012, 226（5）: 853-860.

[58] Scheffer C, Engelbrecht H, Heyns P S. A comparative evaluation of neural networks and hidden Markov models for monitoring turning tool wear[J]. Neural Computing & Applications, 2005, 14: 325-336.

[59] Ghosh S, Chakraborty T, Saha S, et al. Development of the location suitability index for wave energy production by ANN and MCDM techniques[J]. Renewable and Sustainable Energy Reviews, 2016, 59: 1017-1028.

[60] Kaya E, Kaya I. Tool wear progression of PCD and PCBN cutting tools in high speed machining of NiTi shape memory alloy under various cutting speeds[J]. Diamond and Related Materials, 2020, 105: 107810.

[61] Kumar M P, Dutta S, Murmu N C. Tool wear classification based on machined surface images using convolution neural networks[J]. Sādhanā, 2021, 46: 1-12.

[62] Zhang C, Zhang H. Modelling and prediction of tool wear using LS-SVM in milling operation[J]. International Journal of Computer Integrated Manufacturing, 2016, 29（1）: 76-91.

[63] Shi D, Gindy N N. Tool wear predictive model based on least squares support vector machines[J]. Mechanical Systems and Signal Processing, 2007, 21（4）: 1799-1814.

[64] Zhang H, Zhang C, Zhang J, et al. Tool wear model based on least squares support vector machines and Kalman filter[J]. Production Engineering, 2014, 8: 101-109.

[65] Yang S, Wang S, Yi L, et al. A novel monitoring method for turning tool wear based on support vector machines[J]. Proceedings of the Institution of Mechanical Engineers, Part B: Journal of

Engineering Manufacture, 2016, 230(8): 1359-1371.

[66] Kong D, Chen Y, Li N. Gaussian process regression for tool wear prediction[J]. Mechanical Systems and Signal Processing, 2018, 104: 556-574.

[67] Wu D, Jennings C, Terpenny J, et al. A comparative study on machine learning algorithms for smart manufacturing: Tool wear prediction using random forests[J]. Journal of Manufacturing Science and Engineering, 2017, 139(7): 071018.

[68] Zhao R, Yan R, Wang J, et al. Learning to monitor machine health with convolutional bi-directional LSTM networks[J]. Sensors, 2017, 17(2): 273.

[69] Yuan Y, Wei J, Huang H, et al. Review of resampling techniques for the treatment of imbalanced industrial data classification in equipment condition monitoring[J]. Engineering Applications of Artificial Intelligence, 2023, 126: 106911.

[70] 李威霖, 傅攀, 张尔卿. 基于粒子群优化 LS-SVM 的车刀磨损量识别技术研究[J]. 计算机应用研究, 2014, 31(4): 1094-1097, 1101.

第 2 章　机器学习的基础理论

2.1　分类学习理论

2.1.1　基于浅层机器学习的分类理论

机器学习是人工智能的一个分支，其涵盖多个学科领域，其中包括但不限于统计学、概率论、逼近论、控制论、决策论、凸分析以及计算复杂性理论等。在理论研究和实际应用方面，一些分类模型如决策树、支持向量机、随机森林以及朴素贝叶斯等，已经取得了巨大的成功。

1. 决策树

决策树是一种基本的分类和回归方法，最初由 Hunt[1]等于 1966 年提出。本节主要讨论分类的决策树。1979 年，Quinlan 等[2]提出的 ID3 算法使决策树的研究达到了新的高度。决策树的原理是，从根节点开始，每次经过一个节点都需要根据属性的取值判断走左边还是右边，直到达到目标节点为止。决策树的目的是构造一种模型，通过学习简单的 IF-THEN 规则来从样本数据的特征属性中对实例进行正确的分类。决策树模型如图 2.1 所示，图中圆形代表内部节点，表示属性；方形代表叶子节点，表示决策结果。

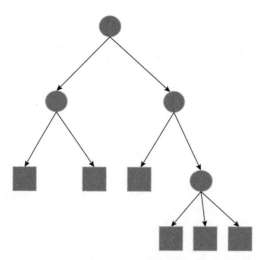

图 2.1　决策树模型

在决策树学习中，选择最优的划分属性是关键，目的是尽可能让划分后的样本属于同一类别，以实现准确的分类[3]。通常使用信息熵来度量类别的不确定性，即随机事件的熵，其公式如下：

$$H(p_1, p_2, \cdots, p_n) = -\sum_{i=1}^{n} p_i \cdot \log 2^{(p_i)} \tag{2.1}$$

式中，$H(p_1, p_2, \cdots, p_n)$ 是随机事件可能结果的发生概率，$p_1 + p_2 + \cdots + p_n = 1$。熵 $H(p_1, p_2, \cdots, p_n)$ 的结果是一个大于等于零的值，熵越高说明事件的不确定性越大。此外，可以用随机信息增益来衡量随机事件的划分效果好坏，它是信息熵和条件熵的差值，其中 $G(X, A)$ 表示在一个条件下信息不确定性减少的程度，如式(2.2)所示：

$$G(X, A) = H(X) - H(X \mid A) \tag{2.2}$$

2. 支持向量机

支持向量机(SVM)最早由 Cortes 等[4]于 1995 年提出，是一种监督学习的分类器。在深度学习出现之前，SVM 被认为是机器学习中近十几年来最成功、表现最好的算法。SVM 的目的是要找到一个最优超平面来区分两类点，使得不同类别的点离最优超平面最远(即最大间隔)，以此实现更好的分类，如图 2.2 所示。

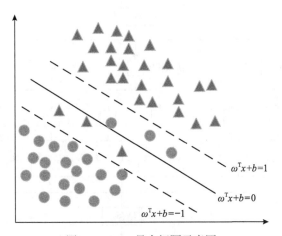

图 2.2　SVM 最大间隔示意图

SVM 的基本思路就是满足最大间隔的同时，让不满足约束条件 $y_i\left(\omega^{\mathrm{T}} x_i + b\right) \geqslant 1$ 的样本尽可能少，所以优化目标函数表示为

$$\begin{cases} \min\limits_{\omega,b,\beta_i} & \dfrac{1}{2}\|\omega\|^2 + C\sum\limits_{i=1}^{m}\pm\beta_i \\[2mm] \text{s.t.} & y_i\left(\omega^{\mathrm{T}}x_i + b\right) \geqslant 1-\beta_i,\ \beta_i \geqslant 0,\ i=1,2,\cdots,m \end{cases} \quad (2.3)$$

式中，C 为正则化参数，$C>0$。引入拉格朗日乘子，得到对偶问题，即

$$\begin{cases} \max\limits_{\alpha} & \sum\limits_{i=1}^{m}r_i - \dfrac{1}{2}\sum\limits_{i=1}^{m}\sum\limits_{j=1}^{m}r_ir_jy_iy_jx_i^{\mathrm{T}}x_j \\[2mm] \text{s.t.} & \sum\limits_{i=1}^{m}r_iy_i = 0_i,\ 0 \leqslant r_i \leqslant C,\ i=1,2,\cdots,m \end{cases} \quad (2.4)$$

SVM 对于小样本数据的分类问题有着较好的泛化能力，同时其衍生算法在支持向量回归机、支持向量数据域描述对小样本的回归、异常检测等方面也有着良好的效果，因此被广泛应用于各类工程应用问题。

3. 随机森林

随机森林[5]是机器学习中常用的算法，也是 Bagging 集成策略中最实用的算法之一。随机森林由许多决策树构成，但不同决策树之间没有关联。每次从数据集中随机有放回地选出数据样本，同时随机选取部分特征作为输入，因此该算法被称为随机森林算法，如图 2.3 所示。

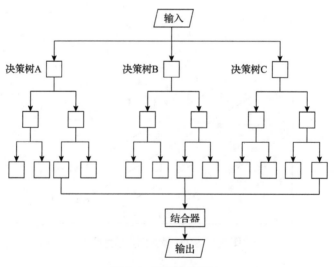

图 2.3　随机森林算法

随机森林算法的流程如算法 2.1 伪代码所示。

算法 2.1　随机森林算法

1.　输入训练数据 T，特征数量 M，随机森林的大小 K，需要使用的训数据 T；

2.　for i=1:K

3.　从训练集 T 中采用有放回抽样的方式，取样 N 次形成一个新子训练集 D；

4.　随机选择 m 个特征，其中 $m < M$；

5.　使用新的训练集 D 和 m 个特征，学习出一个完整的决策树；

6.　得到随机森林；

7.　end for

8.　end

4. 朴素贝叶斯

朴素贝叶斯算法是一种基于贝叶斯定理与特征条件独立性假设的分类方法。对于给定的训练集，该算法首先基于特征条件独立性假设学习输入输出的联合概率分布；然后基于学习得到的模型，对于给定的输入 x，利用贝叶斯定理求出后验概率最大输出 y。算法过程如下，假设训练数据 $T = \{(x_1, y_1), (x_2, y_2), \cdots, (x_N, y_N)\}$，其中 $x_i = (x_i^{(1)}, x_i^{(2)}, \cdots, x_i^{(n)})^{\mathrm{T}}$，$x_i^{(j)}$ 是第 i 个样本的第 j 个特征，$x_i^{(j)} \in \{a_{j1}, a_{j2}, \cdots, a_{js_j}\}$，$a_{jL}$ 是第 j 个特征可能取的第 L 个值，j=1, 2,$\cdots$, n，L=1, 2,$\cdots$,S_j，$y_i \in \{c_1, c_2, \cdots, c_K\}$，$I$ 为指示函数，则计算先验概率及条件概率分别为

$$P(Y = c_k) = \frac{\sum_{i=1}^{N} I(y_i = c_k)}{N}, \quad k = 1, 2, \cdots, K \tag{2.5}$$

$$P(X^{(j)} = a_{jL} \mid Y = c_k) = \frac{\sum_{i=1}^{N} I(x_i^{(j)} = a_{jL}, y_i = c_k)}{\sum_{i=1}^{N} I(y_i = c_k)}, \tag{2.6}$$

$$j = 1, 2, \cdots, n; L = 1, 2, \cdots, S_j; k = 1, 2, \cdots, K$$

对于给定的实例 $x = (x^{(1)}, x^{(2)}, \cdots, x^{(n)})^{\mathrm{T}}$，计算

$$P(Y = c_k) = \prod_{j=1}^{n} P(X^{(j)} = x^{(j)} \mid Y = c_k), \quad k = 1, 2, \cdots, K \tag{2.7}$$

确定实例 x 的类别：

$$y = \underset{c_k}{\mathrm{argmax}}\, P(Y = c_k) = \prod_{j=1}^{n} P(X^{(j)} = x^{(j)} \mid Y = c_k) \qquad (2.8)$$

2.1.2　基于深度学习的分类理论

1. 卷积神经网络

卷积神经网络(CNN)的发展可以追溯到 20 世纪 60 年代，研究人员通过对猫视觉皮层细胞进行研究，提出了感受野的概念。到 80 年代，研究人员在感受野概念的基础上提出了神经认知机的概念，它可以看作是卷积神经网络的第一个实现网络。计算机软硬件技术的发展，特别是图形处理器(graphic processing unit, GPU)的发展，使得 CNN 快速发展。在 2012 年的 ImageNet 大赛中，CNN 由于有高精确度脱颖而出，深度学习也因此正式进入人们的视野。

CNN[6]是一种基于卷积计算的、带有深度结构的神经网络，是深度学习的基本模型之一，被广泛应用于计算机视觉、自然语言处理等领域。通过设计特殊的层间关联结构，CNN 能够降低学习参数(权重和偏置参数)的数量，从而使得深度网络可以训练。经典的 CNN 结构如图 2.4 所示。

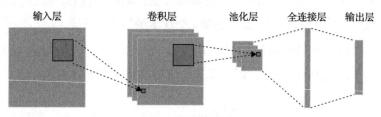

图 2.4　CNN 结构

卷积层是 CNN 的核心，主要起到特征提取的作用，卷积层的运算可表示为

$$X^l = f(W^l * X^{l-1} + b^l) \qquad (2.9)$$

式中，X^l 表示第 l 层的输出特征；W^l 表示卷积核中待优化的权重向量；b^l 表示第 l 层的偏置项；$*$表示卷积操作；$f(\cdot)$ 表示线性整流函数(简称 ReLU 函数)。

池化层的主要作用是对特征进行下采样同时防止数据过拟合，最大池化的操作可表示为

$$y_i = \mathrm{down}(x, h)_{[i]} = h(x_{i-1K+1:iK}) \qquad (2.10)$$

式中，$h(x) = \max(x)$；K 表示池化窗口宽度；x 和 y 分别表示池化的输入和输出；$\mathrm{down}(\cdot)$ 表示下采样函数；$\mathrm{down}(x,h)_{[i]}$ 表示 $\mathrm{down}(x,h)$ 的第 i 个元素。

在神经网络中，全连接层通常用于分类问题，并使用 Softmax 分类器。在训

练过程中，将分类器输出与样本的标签信息进行比较，并使用反向传播法迭代更新网络参数以使损失函数最小化。损失函数通常用交叉熵来确定，这个过程可以用数学公式表示：

$$L_c = -\frac{1}{M}\sum_{i=1}^{m}\sum_{j=1}^{k}q\{y_i = j\}\ln p(y_i = j\,|\,z_i) \tag{2.11}$$

式中，M、m、k 分别为样本数量、样本标签及调制种类；$q(\cdot)$ 为指示函数；$\ln p(\cdot)$ 为样本 z_i 的概率。因为 CNN 使用共享卷积核处理高维数据，所以具有良好的特征分类效果。但是，CNN 需要手动调整参数以确定最佳网络结构，并且需要大量的训练样本来优化模型。此外，CNN 本身是一个黑盒模型，即其物理含义不明确，因此在可解释性方面存在不足。

2. 循环神经网络

循环神经网络(recurrent neural network, RNN)是一种神经网络，可用于处理序列数据，能够挖掘数据中的时序信息和语义信息。利用 RNN 的这种能力，深度学习模型在解决语音识别、语言模型、机器翻译和时序分析等自然语言处理领域的问题上取得了显著的进展。RNN 是一种以时间点为基础的建模工具，它假设时间点 T 能够接收来自时间点 $T-1$ 的数据，同理时间点 $T-1$ 也能接收来自时间点 $T-2$ 的数据，以此类推。因此，时间点 T 的预测实际上取决于 $T-1$、$T-2$、$T-3$ 等所有的历史输入数据，如图 2.5 所示。

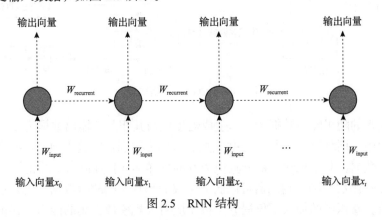

图 2.5 RNN 结构

图 2.5 中每个圆圈表达的不再是一个单独的神经元，而是一层神经元，因此其输入和输出都是一组向量。图中的 W_{input} 是神经网络中在层与层之间的权重向量，而 $W_{recurrent}$ 是神经元接收上一个时间点同层输出时使用的权重向量。RNN 中神经元的状态能通过离散变换序列来定义：

$$x(t+1) = f(x(t),\theta) \tag{2.12}$$

式中,$x(t)$ 表示当前神经元状态;$x(t+1)$ 表示下一个时刻的神经元状态;$f(\cdot)$ 为 Sigmoid 激活函数;θ 为网络中的连接权重。

通常采用基于时间的反向传播(back propagation through time, BPTT)算法来训练 RNN 模型,其基本原理与标准 BPNN 算法类似。具体来说,该算法包括前向计算每个神经元的输出、反向计算神经元的误差值、计算每个权重的梯度、使用随机梯度下降法来更新权重等。

2.1.3　基于迁移学习的分类理论

深度卷积生成对抗网络(deep convolutional generative adversarial networks, DCGAN)是由 Radford 等[7]于 2015 年提出的,它通过将所有池化层替换为转置卷积层,并在更深的卷积网络中去除全连接层,将步幅卷积应用于生成对抗网络中,保证了生成数据的质量和多样性。DCGAN 使用转置卷积层提取的特征作为判别器的输入,选择 Sigmoid 作为判别器的激活函数,选择 ReLU 函数作为生成器的激活函数。DCGAN 的网络结构如图 2.6 所示,图中 C 表示输出节点数,即分类的类别数。

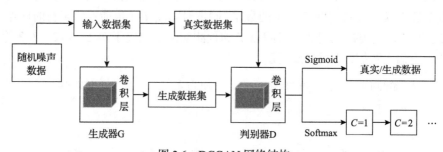

图 2.6　DCGAN 网络结构

令输入的随机噪声数据为 z,生成器生成与其相关的输出数据为 z',则在生成器模型中,训练过的 z' 与 z 合并叠加后可作为判别器的输入项。这些数据并不都是真实数据,其中包含一部分真值为 0 的负样本 y 和真值为 1 的正样本 y'。经过 Sigmoid 函数激励,判别器可以区分生成的和真实的故障数据,无须反复确定模型参数。卷积层的加入不仅提升了模型应对大规模数据集的能力,还能调整神经元数量,降低计算复杂度。生成器在训练过程中通过对抗调整和参数优化,使输出结果更真实,因此生成器损失函数的设计对于提升模型对故障数据监测与诊断能力起着关键作用。对进入判别器的正样本 y' 进行训练,设 $L_{\text{GAN}}(D)$ 表示判别器的输入结果与真实值的交叉熵[8]:

$$L_{\mathrm{GAN}}(D) = E_z[\lg(1 - D(z, z'))] \tag{2.13}$$

利用 y 和 y' 的 L_1 范数作为生成器的损失函数，衡量真实值与生成值之间的差距：

$$L_1(D) = E'_z\left(\left\|z' - z\right\|\right) \tag{2.14}$$

利用上述损失函数，可以稳定转置卷积层在模型训练初期提取的故障数据特征。为了加快局部特征训练的速度并提高数据处理效率，可以采用迁移学习策略来调整数据集。

2.2　聚类学习理论

2.2.1　无监督聚类学习理论

在无监督学习中，样本的标签是未知的。因此，无监督学习的目的是学习每个样本的潜在性质和规律，并利用这些隐式特征进行进一步的数据分析，如预测房价、预测相亲见或不见以及确定鸢尾花所属的类别等。聚类是这类任务中应用最广泛的算法之一。

1. 凝聚层次聚类

层次聚类可分为凝聚层次聚类和分裂层次聚类。凝聚层次聚类采用自底向上的思想[9]，将每个样本视为不同的类簇，并通过反复合并最近的一对类簇来构建聚类树。在凝聚层次聚类中，单连接和全连接是判断类簇间距离的两种标准方法。单连接通过计算每一对簇中最相似的两个样本之间的距离，并合并距离最近的两个簇来构建聚类树。全连接则通过比较两个簇中最不相似的样本之间的距离（即距离最远）来合并簇。除了使用单连接和全连接来判断两个簇之间的距离外，凝聚层次聚类还可以使用平均连接来定义簇的邻近度，即从两个不同簇中取所有点对邻近度的平均值。平均连接的伪代码如算法 2.2 所示。

算法 2.2　平均连接定义簇的邻近度

1. 输入样本集合 C，类簇距离度量函数 dist，类簇个数 K；

2. 假设样本集合为 $C_i = \{x_i\}$，$i = 1, 2, \cdots, n$，每个样本属于单独的一类；

3. 计算样本与样本之间的距离，用矩阵 M 表示，其中 $M_{ij} = \mathrm{dist}(C_i, C_j)$；

4. 假设当前类簇数为 $q = n$，开始簇合并聚类；

5. while $(q > K)$；

6.　找出距离最近的两个簇 C_i 和 C_j，令 $C_i = C_i \bigcup C_j$；

7.　将 C_j 后面的簇的编号向前移动一位；

8.　删除矩阵 $M_{ij} = \mathrm{dist}(C_i, C_j)$ 的第 i 行和 j 列；

9.　更新 $M_{ij} = \mathrm{dist}(C_i, C_j)$ 矩阵（主要更新 i 簇与其他簇的距离），j=1：$(q-1)$；

10.　更新当前类簇个数 $q=q-1$；

11.　end while；

12.　输出生成的簇 C_i，$\{C_1, C_2, \cdots, C_k\}$；

13.　end

2. K-means 聚类

K-means 是一种聚类算法，它从划分的角度出发[10]，对大样本数据具有较高的效率和良好的伸缩性。该算法通过计算样本之间的距离来衡量它们的相似度，距离越近相似度越高。通过迭代更新方式，不断降低每个类内样本与质心之间的误差平方和，最终将样本数据聚成 *K* 类。*K* 值需要提前设定，一般采用欧氏距离方法作为相似性度量方法。该算法的伪代码如算法 2.3 所示。

算法 2.3　*K*-means 聚类算法

1.　输入需要得到类簇个数 *K*，样本集合 *C*；

2.　确定聚类数目 *K*，从给定的样本集合中随机选取 *K* 个对象作为初始中心 $C_1, C_2, \cdots, C_k$；

3.　把每个对象分配到最近的初始中心，最终成为 *K* 个簇；

4.　再次计算每个簇的聚类中心 $C_1^*, C_2^*, \cdots, C_k^*$；

5.　如果对于任意的 i=1,2,$\cdots$,*K*，　$C_i^* = C_i$；

6.　end

通常使用 CH（Calinski-Harabaz）指标、SC（silhouette coefficient）指标、DB 指标、Dunn 指标、I 指标等来评价聚类的效果。本书选择 CH 和 SC 这两种指标来评价聚类的质量。CH 系数主要用于衡量聚类的紧密度和分离度，它通过计算类内协方差来度量类内的紧密度，通过计算类间协方差来度量分离度。CH 系数是类间协方差与类内协方差之比，数值越大表示聚类结果的类内紧密度越高、类间分离度越高。

$$\mathrm{CH}(k) = \frac{\mathrm{trace}(C)}{k-1} \bigg/ \frac{\mathrm{trace}(X)}{N-k} \tag{2.15}$$

式中，$\mathrm{trace}(C) = \sum_{i=1}^{k} N_i \left\| a_i - \overline{x} \right\|^2$ 为类间协方差；a_i 为第 i 类质心向量值；$\overline{x}$ 为整个样本数据集的均值向量值；$\mathrm{trace}(X) = \sum_{i=1}^{k} \sum_{j=1}^{k} \left\| x_{ij} - a_i \right\|^2$ 为各个类内协方差；x_{ij} 为第 i 类第 j 个样本向量。

SC 系数也称轮廓系数，主要用于衡量聚类的质量，它同时考虑了类内样本的相似度和类间样本的差异度。SC 系数通过计算每个样本与同类中其他样本的平均距离来度量类内的相似度，通过计算每个样本与其最近的相邻类中的所有样本的平均距离来度量类间的差异度。SC 系数的值在–1 与 1 之间，越接近 1 代表聚类结果越好，越接近–1 则表示聚类结果较差。

$$\mathrm{SC}(k) = \frac{1}{n} \sum_{i=1}^{n} \frac{b(i) - a(i)}{\max(a(i), b(i))} \tag{2.16}$$

式中，n 为总样本数；$a(i)$ 为样本 i 与同类内其他样本的平均距离；$b(i)$ 为样本 i 与非同类的所有样本的平均距离。

2.2.2　半监督聚类学习理论

半监督聚类是指利用少量已标注数据的监督信息来辅助无标注数据的聚类过程，它结合了聚类和半监督学习的思想，利用海量无标注数据中的少量有标注数据和先验知识来提高聚类性能，从而得到更优的聚类结果。

1. 自适应半监督加权过采样方法

Nekooeimehr 等[11]提出了自适应半监督加权过采样（adaptive semiunsupervised weighted oversampling, A-SUWO）方法。该方法使用半监督分层聚类对少数类实例进行聚类，然后识别边界实例，接着使用改进的多数类加权少数类过采样（IMWMO）方法对每个少数类子集群中的边界实例进行加权，最后使用分类复杂度和交叉验证来自适应地确定每个子集群中需要合成新实例的数量，并使用最近邻法（简称 KNN 法）KNN 在边界处合成新实例。该算法的伪代码如算法 2.4 所示。

算法 2.4　自适应半监督加权过采样方法

---

1. 输入待采样的原始不均衡数据集 I，聚类过程中调整阈值的系数 C_{thres}，最近邻数 NN，用于剔除噪声的最近邻数 NS，LS-SVM 模型的 RBF 内核函数参数值 σ，权重调整因子 w，以及交叉验证折数 K。

---

2. 半监督聚类

2.1 利用 KNN 法删除原始不均衡数据集中的噪声；

2.2 使用 $T = d_{\text{avg}} C_{\text{thres}}$ 确定 T(半监督聚类阈)，其中 d_{avg} 是欧氏距离中位数的平均值，C_{thres} 是用户定义的常量参数，其最佳值取决于数据集；

2.3 将多数类分割为 m 个子集群，$C_{maj;i=1,2,\cdots,m}$；

2.4 for $i=1:n$

(1) 将每个少数类实例作为一个单独的子集群进行集群操作；

(2) 根据欧氏距离，合并最近的两个子群集 $C_{\min a}$ 和 $C_{\min b}$；

(3) 检查 $C_{\min a}$ 和 $C_{\min b}$ 之间是否存在重叠的多数类子集群；

(4) 若存在重叠，则其距离设置为无穷大，并重复步骤 2～步骤 3，迭代停止条件是最接近的子集群之间的欧氏距离小于阈值 T；

(5) 若无重叠，则将 2 个少数类子集群合并为新子集群，即 $C_{\min c}$；

　　end for

3. 自适应子集群大小

3.1 将所有少数类子集群随机分为 K 折；

3.2 将 K–1 个少数子集群以及多数类实例构成训练集，剩余 1 个少数类子集群作为测试集，训练分类模型；

3.3 使用 $a_j = b_j / \sum_{j=1}^{n} b_j$ 计算标准化的少数类平均错分率，其中 b 为平均错分误差；

3.4 重复步骤 3.2 和步骤 3.3 共 K 次；

3.5 使用 $S_{L1} / S_{L2} = a_{L1} / a_{L2} \left(\forall L1, L2 \in \{C_{\min j}\}, j = 1,2,\cdots,n \right)$ 确定所有少数类子集群 $C_{\min j}$ 的最终大小 S_j。

4. 合成新实例

4.1 使用 IMWMO 方法确定每个少数类子集群中实例的待采样概率；

4.2 对于每个子集群 $C_j (j = 1,2,\cdots,n)$，

for $i=1:n$

(1) 对于子群集 $C_{\min j}$ 中的每个少数类实例 x_{jh}，找到其多数类最近邻；

(2) 计算 $C_{\min j}$ 中的每个少数类实例的采样权重 $W(x_{jh})$；

(3) 将 $W(x_{jh})$ 转换为采样概率 $P(x_{jh})$；

end for

4.3　按以下流程对少数类样本进行过采样，初始化，令 $O=I$，对于每个子集群，sub - cluster$_{j=1,2,\cdots,n}$，

for $i=1:n$

（1）依据采样概率 $P(x_{jh})$ 在 C_j 中选择少数类实例 a；

（2）随机选择与 a 属于同一少数类子集群的 NN 信息量最近邻 b；

（3）在 a 与 b 之间合成新样；

（4）将 c 添加到数据集 O 中；

（5）重复步骤（1）～步骤（4），直到子群集大小达到 S_j；

end for

5.　输出 A-SUWO 后的均衡数据集 O。

6.　end

2. COP-Kmeans 算法

Wagstaff 等[12]提出的 COP-Kmeans 算法是将成对约束的思想运用到传统 K-means 算法中的一种算法。与 K-means 算法相比，COP-Kmeans 算法在数据分配过程中要求数据对象必须满足 Must-link（ML）约束和 Cannot-Link（CL）约束条件，即被选中的两个点必须属于同一类（ML），或者不是同一类的元素（CL），并且约束具有对称性和传递性。该算法的基本聚类思想与 K-means 算法相同，其对称性如下：

$$\begin{cases} (x_i, x_j) \in \mathrm{ML} \Rightarrow (x_j, x_i) \in \mathrm{ML} \\ (x_i, x_j) \in \mathrm{CL} \Rightarrow (x_j, x_i) \in \mathrm{CL} \end{cases} \tag{2.17}$$

其传递性如下：

$$\begin{cases} (x_i, x_j) \in \mathrm{ML} \,\&\, (x_j, x_k) \in \mathrm{ML} \Rightarrow (x_i, x_k) \in \mathrm{ML} \\ (x_i, x_j) \in \mathrm{ML} \,\&\, (x_j, x_k) \in \mathrm{CL} \Rightarrow (x_i, x_k) \in \mathrm{CL} \end{cases} \tag{2.18}$$

对称性和传递性在成对约束中非常重要。这种特性意味着，在进行强制分配时，只有当出现 CL 约束时才可能导致约束违反，而在其他情况下不会出现分配失败的情况。

2.3　回归学习理论

2.3.1　基于浅层机器学习的回归理论

1. 支持向量回归

支持向量回归(support vector regression, SVR)是一种监督学习方法,采用结构风险最小化原理,同时最小化训练样本的经验风险和置信区间,以获得对未来样本的良好泛化性能。它通常用于解决小样本和非线性问题[13]。SVR 的基本原理为借助核函数将线性不可分的低维数据映射到高维空间中,使其线性可分,进而,使所有的训练样本点与超平面间的"总偏差"最小。对于给定的训练集 $T = \{x_i, y_i\}_{i=1}^{n} (x_i \in X = \mathbf{R}^n, y_i \in Y = \mathbf{R})$,其中 x_i 为第 i 个输入特征向量,y_i 为相应的输出向量,n 为样本数量,为了达到良好的效果,通过非线性映射 $\varphi(x): \mathbf{R}^n \to \mathbf{R}^N$ 将训练集从低维空间映射到高维空间[14]。该非线性映射可定义为

$$f(x) = \omega \cdot \varphi(x) + b \tag{2.19}$$

式中,x、ω 和 b 分别为输入数据、权重向量和截距。根据经验风险最小化原则,式(2.19)可以表示为

$$\min \; \frac{1}{2}\|\omega\|^2 + C\sum_{i=1}^{n}(\xi_i^* + \xi_i) \tag{2.20}$$

$$\text{s.t.} \begin{cases} y_i - \omega \cdot \varphi(x) - b \leqslant \varepsilon + \xi_i \\ \omega \cdot \varphi(x) + b - y_i \leqslant \varepsilon + \xi_i^* \\ \xi_i, \quad \xi_i^* \geqslant 0, \; i = 1, 2, \cdots, n \end{cases} \tag{2.21}$$

式中,$\|\omega\|$ 代表方程方 $f(x)$ 的复杂性相关项;$\varepsilon(\varepsilon > 0)$ 代表回归的最大允许误差;C 代表惩罚因子;ξ_i 和 ξ_i^* 代表松弛变量。通过引入拉格朗日乘子 $\alpha_i, \alpha_i^*, \gamma_i, \gamma_i^* \geqslant 0$ 可以将上述优化问题转化为一个凸二次优化问题:

$$\begin{aligned} L(\omega, b, \xi_i, \xi_i^*, \alpha_i, \alpha_i^*, \gamma_i, \gamma_i^*) &= \frac{1}{2}\|\omega\|^2 + C\sum_{i=1}^{n}(\xi_i^* + \xi_i) \\ &+ \sum_{i=1}^{n}(\alpha_i(f(x_i) - y_i - \varepsilon - \xi_i)) \\ &+ \sum_{i=1}^{n}(\alpha_i^*(y_i - f(x_i) - \xi_i^* - \varepsilon)) - \sum_{i=1}^{n}(\xi_i\gamma_i - \xi_i^*\gamma_i^*) \end{aligned} \tag{2.22}$$

通过对 ω，b，ξ_i，ξ_i^* 求偏导并令结果等于 0，将最优化问题转化为对偶问题。通过引入核函数，非线性的接触电阻增量和质量损失预测问题可以表示为

$$f(x) = \sum_{i=1}^{n} (\alpha_i - \alpha_i^*) K(x_i, x) + b \qquad (2.23)$$

式中，$K(x_i, x)$ 是一个径向基函数，它能够实现非线性映射并且性能较好。原始数据经过核函数计算后，可以在高维空间中解决线性问题，等价于在低维空间中解决非线性问题。

$$K_{\mathrm{RBF}}(x_i, x_j) = \exp\left(-\frac{\|x_i - x_j\|^2}{2\gamma^2}\right) \qquad (2.24)$$

式中，γ 为高斯核函数的宽度。根据上述推导可知 SVR 的学习性能受到惩罚因子 C 和核函数宽度 γ 的影响。C 可以惩罚训练误差，γ 可以决定特征空间中样本之间的相似性，这对预测性能有很大影响。

2. LightGBM

LightGBM[15]是一种高效的梯度提升决策树算法，它实现了梯度提升决策树（gradient boosting decision tree, GBDT）的梯度提升框架，并兼顾了集成学习策略的优异性能。为了提高训练速度，LightGBM 采用了两种方法。一种是梯度单边采样（gradient-based one-side sampling, GOSS）方法，它从样本中选取有较大梯度的数据以提高准确率，同时排除大部分小梯度的样本，仅使用剩余的样本来计算信息增益。梯度大的实例对信息增益的影响更大，因此保留梯度大的样本，去掉梯度小的样本。另一种方法是互斥特征捆绑（exclusive feature bundling, EFB）方法，它可以捆绑互斥特征并使用一个合成特征来代替它们同时取非零值。在实际应用中，虽然特征数量较多，但由于特征空间十分稀疏，EFB 可以将数据的部分特征进行合并以降低数据维度[16]。LightGBM 采用集成学习的策略来提高在孤岛识别任务中的分类能力，因为单独一棵决策树的表现可能较差。与 GBDT 类似，LightGBM 也采用了集成梯度提升框架，并以分类与回归树（classification and regression trees）作为基本分类器，通过加法模型和前向分步算法得到一组回归树的组合最终模型 $\hat{f}(x)$。但是，由于 GBDT 只能处理回归类问题，因此 LightGBM 使用了损失函数的负梯度来拟合本轮损失的近似值，进而拟合一个 CART 决策树。第 t 轮的第 i 个样本的损失函数 L 的负梯度为

$$r_{ti} = -\left[\frac{\partial L(y_i, f(x_i))}{\partial f(x_i)}\right]_{f(x)=f_{t-1}(x)} \qquad (2.25)$$

利用 $(x_i, r_{ti})(i=1,2,\cdots,n)$ 拟合一棵 CART 回归树，得到第 t 棵回归树，它对应的叶节点区域为 R_{tm}，$m=1,2,\cdots,M$，M 为叶子节点的个数。使用贪心思维只考虑局部最优化，针对每一个叶子，求出使损失函数最小，即拟合叶子节点最好的输出值 c_{tm}：

$$c_{tm} = \underset{c}{\mathrm{argmin}} \sum_{x_i \in R_{tm}} L(y_i, f_{t-1}(x_i)+c) \tag{2.26}$$

得到本轮决策树拟合函数：

$$h_t(x) = \sum_{m=1}^{M} c_{tm} I, \quad x \in R_{tm} \tag{2.27}$$

更新获得本轮强分类器：

$$f_t(x) = f_{t-1}(x) + \sum_{m=1}^{M} c_{tm} I, \quad x \in R_{tm} \tag{2.28}$$

通过 T 个基模型迭代组合得到最终强分类：

$$\hat{f}(x) = f_T(x) = f_0(x) + \sum_{t=1}^{T} \sum_{m=1}^{M} c_{tm} I, \quad x \in R_{tm} \tag{2.29}$$

2.3.2　基于深度学习的回归理论

1. 长短期记忆网络

长短期记忆(long short term memory, LSTM)网络是一种特殊的循环神经网络，由 Hochreiter 等[17]于 1997 年提出。LSTM 网络结构如图 2.7 所示，相比传统神经网络只有一个传递状态 C_t，LSTM 网络有两个传输状态，即细胞状态 C_t 和隐层状态 h_t。细胞状态的改变通常很缓慢，往往只是在上一个状态的基础上添加一些数据，而隐层状态在不同节点下的变化很大。LSTM 网络与传统神经网络最大的不同是引入了"门"结构，包括遗忘门、输入门和输出门。这些门控制信息的流动，使得 LSTM 网络能够更好地处理序列数据。

遗忘门决定上个输入时刻的神经元状态 C_{t-1} 中有多少被保存到当前时刻的状态 C_t 中，其运算公式如下：

$$f_t = \sigma\left(W_f \cdot [h_{t-1}, x_t] + b_f\right) \tag{2.30}$$

输入门决定了当前的输入 x_i 中有多少元素被保存到当前的状态 C_t，其运算公式如下：

$$i_t = \sigma\left(W_i \cdot [h_{t-1}, x_t] + b_i\right) \tag{2.31}$$

输出门是用来控制当前的神经元状态 C_t 有多少输出到 LSTM 网络的当前输出值 h_t 中，其运算公式如下：

$$h_t = o_t \tanh C_t \tag{2.32}$$

　　LSTM 网络是 RNN 的优秀变种，更加真实地模拟了人类大脑的思考行为和神经组织的认知过程。它不仅继承了 RNN 的优点，而且解决了 RNN 中梯度消失或梯度爆炸的问题。因此，LSTM 网络在处理长时间序列数据时表现出优秀的性能，近年来一直是时序数据学习领域的研究热点。

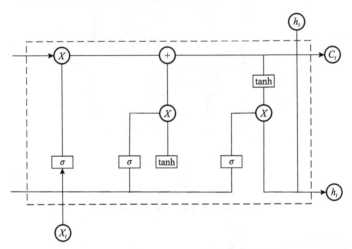

图 2.7　LSTM 网络结构

σ 表示 Sigmoid 运算，tanh 表示 tanh 运算

2. 门控循环单元网络

　　门控循环单元(gate recurrent unit, GRU)网络是基于 LSTM 网络改进的循环神经网络[18]，它保持了 LSTM 网络的性能并优化了其网络结构。GRU 网络只包含更新门和重置门结构，其中更新门用于控制将前一时刻的信息代入当前时刻，重置门用于控制忽略前一时刻信息。相比 LSTM 网络，GRU 网络节省了工作内存，提高了训练速度[19]。GRU 网络结构如图 2.8 所示。

　　Z_t 与 R_t 分别为更新门与重置门；x_t 为输入；H_t 为 t 时刻的状态信息；σ 为激活函数 Sigmoid；W_z 与 W_r 分别为更新门与重置门输入量的权重矩阵；W 为状态权重矩阵。具体计算公式如下：

$$Z_t = \sigma(W_z[h_{t-1}, x_t]) \tag{2.33}$$

$$R_t = \sigma(W_r[h_{t-1}, x_t]) \tag{2.34}$$

$$\tilde{H}_t = \tanh(W[R_t h_{t-1}, x_t]) \tag{2.35}$$

$$H_t = (1 - Z_t)h_{t-1} + Z_t\tilde{H}_t \tag{2.36}$$

相比 LSTM 网络，GRU 网络的训练参数更少，但它仍然保持了接近 LSTM 网络的预测效果，并解决了传统 RNN 中容易出现的梯度爆炸问题。因此，在时间序列预测方面，GRU 网络被广泛应用。

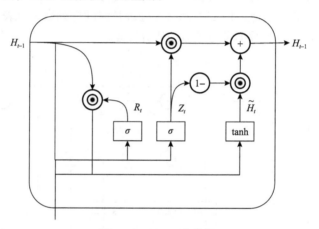

图 2.8　GRU 网络结构

σ 表示 Sigmoid 运算，tanh 表示 tanh 运算

2.3.3　基于迁移学习的回归理论

2014 年，牛津大学的视觉几何组 (Visual Geometry Group, VGG) 提出了 VGG16 神经网络模型[20]，它是一种经典的卷积神经网络，其每组卷积层之间使用最大池化层分开，并使用 ReLU 非线性激活函数作为所有隐层的激活单元。VGG16 网络采用 3×3 小卷积核代替大卷积核，这样做不仅减少了网络的训练参数，而且增加了网络中的非线性单元，从而提高了网络的学习能力。

VGG16 网络具有简洁性和实用性，备受用户关注，已成功地应用于各个领域的图像分类和目标检测中。VGG16 网络框架由输入层、卷积层、池化层、全连接层和输出层组成。对于卷积层，卷积核使用固定步长扫描图像，以实现局部参数共享。假定卷积核参数为 $\alpha \times \beta \times K$，它表示共有 K 个卷积核，且其尺寸均为 $\alpha \times \beta$，则 VGG16 网络的卷积计算过程如下所示：

$$y_{d1,d2,k} = \sum_{j=1}^{\alpha}\sum_{i=1}^{\beta} x_{d1j,d2i} \times f_{j,i,k} \tag{2.37}$$

式中，x 代表卷积层的输入图像；y 代表卷积操作后的特征图；f 代表卷积核；$y_{d1,d2,k}$ 为第 k 个特征图的第 d_1 行中的第 d_2 列元素；$x_{d1j,d2i}$ 为与当前卷积核做卷积运算区域中第 j 列中的第 i 行元素；$f_{j,i,k}$ 为第 k 个卷积核的第 j 行中的第 i 列元素。

VGG16 网络中采用 ReLU 激活函数来增强网络各层之间的非线性关系，并将部分神经元的输出置为 0。在多次卷积后，数据进入池化层。VGG16 网络使用最大池化对经过 ReLU 激活函数处理后得到的特征图进行池化操作，这是因为最大池化方式对特征位置不敏感，且可以减少参数量和降低计算量。最大池化的计算方式如下：

$$z' = \max_{J_1 \leqslant j \leqslant J_2, I_1 \leqslant i \leqslant I_2}\left(z_j, i\right) \tag{2.38}$$

其中，z' 为所得到的池化值；池化的子区域为第 $J_1 \leqslant j \leqslant J_2$ 行 $I_1 \leqslant i \leqslant I_2$ 列，即从中取最大值。最后，VGG16 网络经由全连接层和输出层将样本进行分类，通过 Softmax 函数得到当前样本为不同种类的概率大小。

2.4 本 章 小 结

本章讨论了机械设备智能故障监测和预测所需的机器学习理论，包括分类学习理论、聚类学习理论和回归学习理论，这些算法将在后续章节中逐步应用。

参 考 文 献

[1] Hunt E. Utilization of memory in concept learning systems[J]. Utilization of Memory in Concept Learning Systems, 1966, (4): 42-48.

[2] Quinlan J R, Kauffmann M. Interactive Dichotomizer[M]. New York: Springer-Verlag, 1979.

[3] 谢佳. 基于多分类器的层次式 Blog 主题标注技术[D]. 哈尔滨: 哈尔滨工业大学, 2008.

[4] Cortes C, Vapnik V. Support-vector networks[J]. Machine Learning, 1995, 20(3): 273-297.

[5] Leo B. Random forests[J]. Machine Learning, 2001, 45(1): 5-32.

[6] Hinton G E, Osindero S, Teh Y W, et al. A fast learning algorithm for deep belief nets[J]. Neural Computation, 2006, 18(7): 1527-1554.

[7] Radford A, Metz L, Chintala S. Unsupervised representation learning with deep convolutional generative adversarial networks[C]. The 4th International Conference on Learning Representations, 2016.

[8] 林君萍. 基于深度卷积生成对抗网络的不均衡大数据监测与诊断[J]. 重庆科技学院学报（自然科学版）, 2022, 24（1）: 99-103.

[9] 刘仕友, 宋炜, 应明雄, 等. 基于波形特征向量的凝聚层次聚类地震相分析[J]. 物探与化探, 2020, 44（2）: 339-349.

[10] 刘冥羽. 基于 *K*-means 算法的杂草分类应用研究[D]. 郑州: 华北水利水电大学, 2019.

[11] Nekooeimehr I, Lai-Yuen S K. Adaptive semi-unsupervised weighted oversampling（A-SUWO）for imbalanced datasets[J]. Expert Systems with Applications, 2016, 46: 405-416.

[12] Wagstaff K, Cardie C. Clustering with instance-level constraints[C]. Proceedings of the 17th National Conference on Machine Learning, 2000.

[13] 舒立春, 白困利, 胡琴, 等. 基于支持向量机的复杂环境条件下绝缘子闪络电压的预测[J]. 中国电机工程学报, 2006, 17: 127-131.

[14] Wei J, Huang H, Yao L, et al. IA-SUWO: An Improving Adaptive semi-unsupervised weighted oversampling for imbalanced classification problems[J]. Knowledge-Based Systems, 2020, 203: 106116.

[15] Ke G L, Meng Q, Finley T, et al. LightGBM: A highly efficient gradient boosting decision tree[C]. Proceedings of the 31st International Conference on Neural Information Processing Systems, 2017.

[16] 朱春霖, 余成波. 基于 LightGBM 算法光伏并网系统的孤岛检测及其集成的可解释研究[J]. 电力自动化设备, 2023: 1-10.

[17] Hochreiter S, Schmidhuber J. Long short-term memory[J]. Neural Computation, 1997, 9（8）: 1735-1780.

[18] Wang Y, Liao W, Chang Y. Gated recurrent unit network-based short-term photovoltaic forecasting[J]. Energies, 2018, 11（8）: 2163.

[19] 牛哲文, 余泽远, 李波, 等. 基于深度门控循环单元神经网络的短期风功率预测模型[J]. 电力自动化设备, 2018, 38（5）: 36-42.

[20] Simonyan K, Zisserman A. Very deep convolutional networks for large-scale image recognition[C]. The 3rd International Conference on Learning Representations, 2015.

第3章 智能优化算法相关理论

3.1 智能优化算法简述

传统优化算法在解决优化问题时存在以下缺点：难以利用现代计算机高速计算的性能，这限制了算法求解大规模问题的能力和计算速度；对目标函数的可微性要求很高，而实际问题很难满足这种苛刻条件；容易陷入局部最优等[1-3]。在此背景下，智能优化应运而生。

作为一个新兴的交叉学科领域，智能优化的发展得益于运筹学、生物学、物理学、计算数学、计算机科学、人工智能和控制论等学科，充分吸收了这些学科的思想、概念和方法[4]。智能算法具备自组织性、正反馈性、鲁棒性、并行性和实现简单等特征，为在没有集中控制且不提供全局信息的条件下寻找复杂问题的求解方案提供了思路，为优化问题的求解提供了新的手段。在应用智能优化算法求解优化问题时，其搜索过程通常具有以下特征：个体具有执行简单的空间或时间上评估和计算能力；当环境发生变化时，个体能够对变化做出响应，并能够改变其行为模式；不同的个体对环境中的某一变化所表现出来的响应行为具备多样性。时至今日，智能算法已成为系统科学、计算机科学、人工智能等领域的一个重要分支，无论是在理论探索还是应用拓展方面都得到了全面快速发展。相比传统理论和方法，智能优化算法具有强大的全局搜索能力、问题域的独立性、信息处理的隐并行性、应用的鲁棒性和操作的简明性，成为一种具有良好规模化的优化方法。短短十年间，新的智能算法如遗传算法[5]、粒子群优化算法[6]、灰狼优化算法[7]等竞相涌现，掀起智能算法的研究高潮。智能算法现已被广泛应用于实际问题。例如，在工程领域中，智能算法被用于优化桥梁结构[8]、翼型设计[9]和螺旋桨设计[10]等。同时，集群智能算法在大数据技术和机器学习领域也得到了广泛应用。以状态监测为例，蝗虫优化算法优化 K-means 聚类算法提高了计算结果的准确性[11]；在刀具磨损状态识别中，采用遗传算法（genetic algorithm, GA）优化 SVM 的超参数，以提升其识别准确率[12]。

3.2 模式搜索法

3.2.1 网格搜索算法

网格搜索（grid search, GS）算法是参数值的一种穷举搜索法，其基本原理是将各个参数可能的取值进行排列组合，列出所有可能的组合结果生成网格，再让待搜索参数在一定的空间范围内划分长短相同的网格，随后遍历网格内的所有点进行取值，使得目标函数取得最优值的点对应的参数即为最优参数。以轴承润滑为例，假如不知道该放多少润滑油，那么就对所有可能都进行试验，如表 3.1 所示。网格搜索法的优点在于简单易用，在处理计算量较小的问题时会很好用；缺点是当参数维度增长且单次计算量大时，无论是时间上还是算力资源上的计算成本都过高，因此难以处理高维问题。

表 3.1　遍历法

条件	低温	常温	高温
少油	适合	欠缺	欠缺
中油	一般	适合	一般
多油	过量	过量	适合

3.2.2　随机搜索算法

随机搜索(random search, RS)算法是 1973 年由 Luus 提出的一种逐次缩小搜索区域的搜索法[13]，该方法所讨论的问题是极小化目标函数：

$$y = \min f(X), \quad X \in E^n \tag{3.1}$$

满足不等式约束：

$$g_i(X) \leqslant 0, \quad i = 1, 2, \cdots, m \tag{3.2}$$

式(3.1)中 E^n 为 n 维 Euclidean 空间。随机探索算法是约束最优化问题常用的一种直接方法，一般包括随机选择初始点、随机选择探索方向和随机选取步长等步骤。

如图 3.1 所示，搜索时先确定一个大致的范围，然后随机对这个范围内的点进行比较，设定一个迭代次数的上限，如果在迭代次数的范围内找到最优值，则终止迭代，否则加大迭代次数，重新开始。随机搜索算法的伪代码如算法 3.1 所示。

算法 3.1　随机搜索算法

1.　初始化最大迭代次数 T、初始解 x_0；

2.　while iter<T；

3.　随机生成解：$x_i = xl + (xu - xl) * random$；

4.　if $fit(x_i) < fit(x_{i-1})$，用 x_i 替代 x_{i-1}；

5.　iter=iter+1;

6.　end while；

7.　end

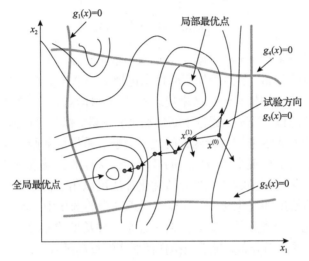

图 3.1　随机搜索算法基本原理

随机搜索算法简单、易实现、可并行，对低维的数据集搜索快速且效率高。相比网格搜索算法，在应对高维广阔且不规则的参数空间时，显现出了更高的搜索效率。此外，随机搜索除了进行纯粹的参数寻优外，还可以在其他方法无效的时候提供一个可行的结果，或给其他方法提供先验信息，例如，基于随机搜索的结果构建一个统计概率模型，也可以为更复杂的方法提供随机性，以跳出局部最优点。

3.2.3　贝叶斯优化算法

贝叶斯优化算法是一种在黑箱优化问题中使用的算法，因为目标函数没有确定的表达形式，且导数无法求出，因此人工进行超参数调优是困难的。贝叶斯优化算法利用目标函数的历史评估结果建立目标函数的概率代理模型，以此来选择下一组超参数。这种算法充分利用之前的评价信息，减少了超参数的搜索次数，可以得到最有可能的最优超参数，从而提高模型的估计精度和泛化能力。贝叶斯优化算法是[14]由贝叶斯定理导出的一种方法，用于搜索目标函数的最小值。根据贝叶斯定理，给定观测点 E，模型 M 的后验概率 $P(M|E)$ 与观测点 E 的似然比概率 $P(E|M)$ 乘以模型 M 的先验概率 $P(M)$ 成正比，即

$$P(M \mid E) \propto P(E \mid M)P(M) \tag{3.3}$$

式中，$P(M)$ 为高斯分布；$P(E|M)$ 代表高斯回归过程，可由核矩阵 Σ 来确定，Σ 由核函数定义，其表达式为

$$\Sigma = \begin{bmatrix} k(x_1, x_1) & \cdots & k(x_1, x_n) \\ \vdots & & \vdots \\ k(x_n, x_1) & \cdots & k(x_n, x_n) \end{bmatrix} \tag{3.4}$$

其思想是利用目标函数 $f(x)$ 的先验分布以及之前训练模型的试验得到的观测点，来获得模型的后验分布，然后利用后验信息选择下一个样本点，使 $f(x)$ 减到最小。

贝叶斯优化算法的核心包括概率代理模型和采样函数。概率代理模型用于建立未知目标函数的概率模型，通过不断增加试验次数，修正目标函数的先验概率，从而得到更准确地表示未知目标函数的代理模型。采样函数则根据代理模型的后验概率分布，在可能出现全局最优解的区域和未采样的区域进行采样，选择最优的样本点以最小化目标函数值。贝叶斯优化算法可以用于机器学习中的超参数调优，提高模型的精度和泛化能力。在概率代理模型的选择中，高斯过程（Gaussian processes, GP）是一个很好的选择。高斯过程是一种常见的非参数概率代理模型，它可以生成高维的高斯分布，能够模拟任何形式的目标函数，在求出概率分布后，需要采样函数寻找下一个样本点进行样本计算。高斯过程中的采集函数主要有三种：Probability of Improvement（PI）、Excepted Improvement（EI）和 Gaussian Processes Upper Confidence Bound（GP-UCB）。此类基于数学理论的优化方法适用于大部分机器学习算法，而且算法迭代过程平稳，不会大起大落，结果可靠；在不同的随机种子下的结果相近，相对于评估原模型速度极快。但它不适用于高维情况，且方法本身也依赖于超参选择，存在较大的局限性。

3.3　启发式算法

3.3.1　粒子群优化算法

受鸟群行为模型研究成果的启发，Kennedy 等[6]提出了粒子群优化（particle swarm optimization, PSO）算法的最初形式。粒子群优化算法将寻找食物的过程视为全局搜索过程，并认为找到食物就相当于找到问题的最优解。每个粒子（即鸟）都具有飞行速度、距离和位置，所有粒子合在一起构成粒子群。

标准粒子群优化算法描述如下：由 m 个粒子组成的粒子群在 D 维空间以一定的速度飞行搜索。粒子的位置代表优化问题的解。假设第 i 个粒子 $i \in (1, 2, \cdots, m)$ 的位置表示为 $x_i = (x_{i1}, x_{i2}, \cdots, x_{iD})$，飞行速度表示为 $v_i = (v_{i1}, v_{i2}, \cdots, v_{iD})$，当前最好位置表示为 $p_i = (p_{i1}, p_{i2}, \cdots, p_{iD})$。全体粒子中最好的位置表示 $P_g = (P_{g1}, P_{g2}, \cdots, P_{gD})$。

每个粒子通过迭代改变自身的飞行速度和位置，其中第 $k+1$ 轮迭代的更新速度 v 和位置 x 分别依据下面两式展开：

$$v_{id}^{k+1} = v_{id}^k + c_1\xi\left(p_{id}^k - x_{id}^k\right) + c_2\eta\left(P_{gd}^k - x_{id}^k\right), \quad i = 1,2,\cdots,m; d = 1,2,\cdots,D; \xi,\eta \in U(0,1)$$

(3.5)

$$x_{id}^{k+1} = x_{id}^k + v_{id}^{k+1}, \quad d = 1,2,\cdots,D; \left|v_{id}^q\right| \leqslant V_{\max}; q \leqslant \text{MaxIt}$$ (3.6)

式中，k 表示迭代轮数；ξ 和 η 是服从 $U(0,1)$ 均匀分布的随机值；学习因子 c_1、c_2 用于调节影响飞行方向的比重；MaxIt 是最大迭代次数；q 是迭代计数。粒子群算法参数少、算法简单，可采用实数编码实现解与编码的直接对应，适用于许多实数优化问题。该算法的伪代码如算法 3.2 所示。

算法 3.2　粒子群优化算法

1.　种群初始化；

2.　if fit(x_i)<fit(p_i)，用 x_i 替代 p_i；

3.　if fit(p_i)<fit(P_g)，用 p_i 替代 P_g，$i=1,2,\cdots,n$；

4.　if fit(x_i)<fit(x_{i-1})，用 x_i 替代 x_{i-1}，$i=1,2,\cdots,n$；

5.　用式 (3.5) 更新速度；

6.　用式 (3.6) 更新位置；

7.　iter=iter+1；

8.　end while；

9.　end

3.3.2　均衡优化算法

均衡优化 (equilibrium optimizer, EO) 算法是一种元启发式算法，于 2020 年被 Faramarzi 等提出[15]。该算法通过控制体积质量平衡模型，利用通用质量平衡方程来研究控制体积中非反应性成分的浓度。质量平衡方程反映了控制容积内质量进入、离开及生成的物理过程。通常使用一阶微分方程来描述：

$$V\frac{\mathrm{d}C}{\mathrm{d}t} = QC_{\text{eq}} - QC + G$$ (3.7)

式中，V 为容积；C 为浓度；Q 为单位时间内进出的容量流率；C_{eq} 为平衡状态下的浓度；G 为质量生成速率。分析该式可知，平衡体系中质量随时间的变化等于进入系统的质量加上系统内部产生的质量减去离开系统的质量，当 $V \cdot \mathrm{d}C/\mathrm{d}t = 0$ 时，系统达到平衡状态。求解微分方程 (3.7)，可得

$$C = C_{eq} + F(C_0 - C_{eq}) + \frac{G(1-F)}{\lambda V} \tag{3.8}$$

$$F = \exp[-\lambda(t - t_0)] \tag{3.9}$$

式中，C_0 为初始浓度；λ 为流动率；F 为指数项系数。EO 算法采用上述浓度 C 作为个体的解，主要根据式 (3.8) 进行迭代更新，其中浓度 C、C_0 和 C_{eq} 分别代表当前、上一次迭代产生的解和当前最优解。算法的具体操作过程和参数设计如下。

(1) 初始化：$C_i = \mathrm{lb} + r_i(\mathrm{ub} - \mathrm{lb}), i = 1, 2, \cdots, n$。式中 ub 和 lb 分别为搜索空间的上、下界，表示浓度范围；r_i 为 [0, 1] 范围内的随机数。

(2) 平衡池：$C_{eq,pool} = \{C_{eq1}, C_{eq2}, C_{eq3}, C_{eq4}, C_{eqa}\}$，其中 C_{eq1}、C_{eq2}、C_{eq3}、C_{eq4} 和 C_{eqa} 分别表示当前迭代式前 4 个最优个体及其平均值，它们被选中的概率相等。

(3) 指数项系数：$F = a_1 \times \mathrm{sign}(r - 0.5)(\mathrm{e}^{-\lambda t} - 1)$，其中 a_1 为常数；$\mathrm{sign}(\cdot)$ 为符号函数；r 和 λ 表示随机向量，取值为 [0, 1]。

(4) 质量生成速率：$G = G_{cp}(C_{eq} - \lambda C)$，其中 G_{cp} 为控制参数，表达式如下：

$$G_{cp} = \begin{cases} 0.5r_1, & r_2 \geq 0.5 \\ 0, & \text{其他} \end{cases} \tag{3.10}$$

式中，r_1、r_2 均为 [0, 1] 间的随机向量。最后，针对优化问题，个体的解按照式 (3.8) 进行迭代更新优化。该算法的伪代码如算法 3.3 所示。

算法 3.3　均衡优化算法

---

1. 种群初始化；

2. if $\mathrm{fit}(C_i) < \mathrm{fit}(C_{eq1})$，用 C_i 替代 C_{eq1}，用 $\mathrm{fit}(C_i)$ 替代 $\mathrm{fit}(C_{eq1})$；

3. else if $\mathrm{fit}(C_i) > \mathrm{fit}(C_{eq1})$ & $\mathrm{fit}(C_i) < \mathrm{fit}(C_{eq2})$，用 C_i 替代 C_{eq2}，用 $\mathrm{fit}(C_i)$ 替代 $\mathrm{fit}(C_{eq2})$；

4. else if $\mathrm{fit}(C_i) > \mathrm{fit}(C_{eq1})$ & $\mathrm{fit}(C_i) > \mathrm{fit}(C_{eq2})$ & $\mathrm{fit}(C_i) < \mathrm{fit}(C_{eq3})$，用 C_i 替代 C_{eq3}，用 $\mathrm{fit}(C_i)$ 替代 $\mathrm{fit}(C_{eq3})$；

5. else if $\mathrm{fit}(C_i) > \mathrm{fit}(C_{eq1})$ & $\mathrm{fit}(C_i) > \mathrm{fit}(C_{eq2})$ & $\mathrm{fit}(C_i) > \mathrm{fit}(C_{eq3})$ & $\mathrm{fit}(C_i) < \mathrm{fit}(C_{eq4})$，用 C_i 替代 C_{eq4}，用 $\mathrm{fit}(C_i)$ 替代 $\mathrm{fit}(C_{eq4})$，$i = 1, 2, \cdots, n$；

6. $C_{ave} = (C_{eq1} + C_{eq2} + C_{eq3} + C_{eq4})/4$；

7. 构建平衡池；

8.　设定参数 $t = \left(\dfrac{\text{iter}}{T}\right)^{\frac{\text{iter}}{T}}$；

9.　从平衡池随机选择一个解；

10.　生成随机向量 λ、r_1、r_2；

11.　生成指数项系数和质量生成速率；

12.　利用式(3.8)进行迭代更新；

13.　iter=iter+1；

14.　end while；

15.　end

3.4　仿生智能算法

3.4.1　遗传算法

　　遗传算法是一种进化算法(evolutionary algorithms, EA)，由 Holland 于 1975 年受生物进化论的启发而提出[5]。该算法通过模拟自然界遗传机制和生物进化论来寻找最优解，是一种并行随机搜索最优化算法。遗传算法将问题的解集看作一个种群，通过不断地选择、交叉、变异等遗传操作，使解逐渐接近最优解。遗传算法具有良好的全局优化能力，可直接根据结构对象运行，对优化函数的连续性、可导性并无特殊要求，对搜索空间也没有特殊要求，同时具有计算简单、易于与其他算法结合等特点，在组合优化、自动控制、机器学习等领域已有广泛的应用[16]。其核心步骤主要有染色体编码、选择策略、交叉与变异等。

　　(1)染色体编码是将染色体的信息转化为计算机能够处理的形式的过程。常用的编码方式有二进制编码、实数编码、整数编码等，其中二进制编码是最常用的。

　　(2)选择策略。在遗传算法中，为了保留优秀的个体和多样性，需要设计各种选择策略，如轮盘赌选择、锦标赛选择和排名选择等。

　　(3)交叉与变异是遗传算法中的两种基本操作。交叉操作通过交换两个父代个体的染色体片段来创建后代个体，以产生更优秀的个体。变异操作则是通过随机改变个体中某些基因的值来产生新的个体，以增加种群的多样性。遗传算法的伪代码如算法 3.4 所示。

算法 3.4 遗传算法

1. 初始化最大迭代次数 T、交叉和变异概率；

2. 随机生成初始种群；

3. while iter $<T$；

4. 计算适应度 fit(best)；

5. 选择操作；

6. 交叉操作；

7. 变异操作；

8. 计算适应度 fit(current)；

9. if fit(current)<fit(best)，更新种群；

10. iter=iter+1；

11. end while；

12. end

3.4.2 灰狼优化算法

灰狼优化(grey wolf optimization, GWO)算法是 Mirjalili 等[7]于 2014 年提出的一种群智能算法，作为一种典型的生物启发式算法，该算法是对灰狼群体中社会等级分层、群体捕食猎物这两种行为的模拟、优化。灰狼的社会等级有领头狼 α、副领头狼 β、普通狼 δ、底层狼 ω 四个层级，并且层级越低狼的数量越多。灰狼的群体捕猎活动在领头狼 α 的决策与领导下进行，包括追捕、包围和攻击三个阶段。其中，围捕猎物过程数学模型表示如下：

$$X(i+1) = X_p(i) - V \cdot \left| H \cdot X_p(i) - X(i) \right| \tag{3.11}$$

式中，X、X_p 分别为灰狼个体、猎物的位置向量；i 为目前的迭代次数；V、H 为系数向量，表示为

$$\begin{cases} V = 2\alpha \cdot r_1 - \alpha \\ H = 2r_2 \end{cases} \tag{3.12}$$

式中，r_1、r_2 为 $[0, 1]$ 范围内的随机向量；α 称为收敛因子，迭代过程中由 2 线性减小到 0。狼群最终攻击目标猎物，可用如下数学模型表示：

$$\begin{cases} X_1 = X_\alpha - V_1 \cdot \left| H_1 \cdot X_\alpha - X \right| \\ X_2 = X_\beta - V_2 \cdot \left| H_2 \cdot X_\delta - X \right| \\ X_3 = X_\delta - V_3 \cdot \left| H_3 \cdot X_\delta - X \right| \\ X(i+1) = \dfrac{X_1(i) + X_2(i) + X_3(i)}{3} \end{cases} \tag{3.13}$$

式中，X_α、X_β 和 X_δ 分别代表 α、β、δ 的当前位置。该算法的伪代码如算法 3.5 所示。

算法 3.5　灰狼优化算法

1. 初始化参数 α 和 r_1、r_2，获得初始种群 X_i；

2. 计算个体适应度，分配 X_α、X_β 和 X_δ；

3. while iter $< T$；

4. 根据式 (3.13) 更新位置；

5. 更新 α 和 r_1、r_2；

6. 计算种群适应度；

7. iter=iter+1；

8. end while；

9. end

3.4.3　飞蛾扑火优化算法

飞蛾扑火优化 (moth-flame optimization, MFO) 算法是由澳大利亚学者 Mirjalili[17]于 2015 年提出的一种智能优化算法，它模拟了夜间飞行的飞蛾在近点光源影响下的导航机制。在 MFO 中，每只飞蛾代表了一个待优化参数的解，它们的位置由这些参数决定，并且每只飞蛾都有一个适应度值。算法根据适应度函数对飞蛾进行排序，确定最优适应度值所对应的位置，即火焰位置。然后，每只飞蛾以螺旋轨迹向火焰移动。如果移动过程中产生更优的适应度值，则更新火焰位置。在寻优过程中，火焰数量会自适应减少，直到满足要求的适应度值为止。飞蛾种群可以表示为

$$M = \begin{bmatrix} m_{11} & m_{12} & \cdots & m_{1d} \\ m_{21} & m_{22} & \cdots & m_{2d} \\ \vdots & \vdots & & \vdots \\ m_{n1} & m_{n2} & \cdots & m_{nd} \end{bmatrix} \tag{3.14}$$

式中，n 为种群中飞蛾的数量；d 为待优化参数的个数。每个种群存在与之对应的适应度值向量，表示为

$$O_M = \begin{bmatrix} O_{M1} \\ O_{M2} \\ \vdots \\ O_{Mn} \end{bmatrix} \tag{3.15}$$

由于 MFO 算法中要求每只飞蛾利用与之对应的唯一火焰更新其自身位置，避免了陷入局部最优的情况。因此，搜索空间中，初步迭代的火焰数量与飞蛾种群的大小保持一致，火焰的位置变量矩阵及其对应的适应度值向量可以分别表示为

$$F = \begin{bmatrix} F_{11} & F_{12} & \cdots & F_{1d} \\ F_{21} & F_{22} & \cdots & F_{2d} \\ \vdots & \vdots & & \vdots \\ F_{n1} & F_{n2} & \cdots & F_{nd} \end{bmatrix} \tag{3.16}$$

$$O_F = \begin{bmatrix} O_{F1} \\ O_{F2} \\ \vdots \\ O_{Fn} \end{bmatrix} \tag{3.17}$$

在迭代过程中，飞蛾种群与火焰群位置变量矩阵的更新策略有所不同。首先，对飞蛾扑火的飞行行为进行建模，每只飞蛾相对火焰的位置更新机制可以表示为

$$M_i = S(M_i, F_j) \tag{3.18}$$

式中，M_i 为第 i 只飞蛾；F_j 为第 j 个火焰；S 为飞蛾扑向火焰的路径函数，该函数是由飞蛾位置为起始点、火焰位置为终点的螺旋函数，可以表示为

$$S(M_i, F_j) = D_{ij} \cdot e^{bt} \cdot \cos(2\pi t) + F_j \tag{3.19}$$

其中，$D_{ij}=|M_i-F_j|$，表示第 i 只飞蛾与第 j 个火焰之间的距离；b 为所定义的对数螺旋形状函数；路径系数 t 为 $[r,1]$ 中的随机数，变量 r 在优化迭代过程中按迭代次数由 1 到 2 线性减少，通过修改参数 t，函数值可以收敛到火焰的任意的邻域范围内。t 越小，飞蛾距离火焰越近。随着迭代次数的增加，飞蛾会越来越接近火焰，并且在火焰周围更新的频率也会逐渐加快，这样可以提高搜索的精度。这种搜索策略可以帮助飞蛾在局部区域内更加精细地搜索，从而获得更优的解。在每次迭代后，根据每个飞蛾的适应度值，重新排序飞蛾和火焰的位置，得到更新后的火

焰序列。在下一代中，每只飞蛾根据其对应的火焰更新自身位置，这样就可以不断优化飞蛾的位置，直到达到最优解。由于每次迭代中，n 只飞蛾的位置更新都基于搜索空间中的 n 个不同的火焰位置，这样会降低算法的局部开发能力。为平衡算法在搜索空间中的全局搜索能力与局部开发能力，针对火焰数量提出一种自适应机制，使得其在迭代过程中可以自适应地减少，其数量随迭代次数的更新公式为

$$N_{\text{flame}} = \text{round}\left(N - l\frac{N-l}{T} \right) \tag{3.20}$$

式中，l 为当前迭代次数；N 为最大火焰数；T 为最大迭代次数。在迭代过程中，通过公式减少火焰数量，每一代中与序列中所减少的火焰所对应的飞蛾则根据当前适应度最差的火焰更新其自身位置。该算法的伪代码如算法 3.6 所示。

算法 3.6　飞蛾扑火优化算法

---

1. 初始化参数，获得初始种群，计算适应度 O_M=fit(M)；

2. while iter $< T$；

3. if iter==1，计算 F 和 O_F: F=sort(M)；O_F=sort(O_M)；

4. else F=sort(M_{t-1}, M_t)；O_F=sort(M_{t-1}, M_t)；

5. 更新 r 和 t；

6. 计算 D_{ij}, i=1,2,$\cdots$,n; j=1,2,$\cdots$,d；

7. 根据式(3.18)和式(3.19)进行计算更新；

8. end while；

9. end

3.5　本章小结

本章介绍了智能优化算法相关理论，以优化学习器的超参数来得到广泛应用和泛化能力强的学习模型。首先，介绍了网格搜索算法、随机搜索算法和贝叶斯优化算法等智能算法的理论基础，这些算法主要是基于数学模型的优化方法，通过遍历搜索空间中的离散点或连续区域来寻找最优解。其次，介绍了启发式智能优化算法的相关理论，这些算法主要是基于自然界中的生物进化、群体智能等现象，通过模拟这些生物的行为来实现优化。最后，简要介绍了遗传算法、灰狼优化算法和飞蛾扑火优化算法等启发式算法的理论基础，这些算法在机器学习领域中被广泛应用。通过了解这些算法的基本原理，可以选择适合的优化算法来寻找

最优超参数，从而提高学习器的性能。

参 考 文 献

[1] Yang X-S. Nature-inspired optimization algorithms: Challenges and open problems[J]. Journal of Computational Science, 2020, 46: 101104.

[2] 邱志平, 张宇星. 智能优化算法在飞机总体设计中的应用[J]. 航空学报, 2009, 30(1): 62-67.

[3] 李丁, 夏露. 改进的粒子群优化算法在气动设计中的应用[J]. 航空学报, 2012, 33(10): 1809-1816.

[4] 王玫, 朱云龙, 何小贤. 群体智能研究综述[J]. 计算机工程, 2005, (22): 204-206.

[5] Holland J H. Adaptation in natural and artificial systems[J]. Journal of the ACM, 1962, 9(3): 297-314.

[6] Kennedy J, Eberhart R. Particle swarm optimization[C]. Proceedings of ICNN'95-International Conference on Neural Networks, 1995: 1942-1948.

[7] Mirjalili S, Mirjalili S M, Lewis A. Grey wolf optimizer[J]. Advances in Engineering Software, 2014, 69: 46-61.

[8] 谢楠, 陈英俊. 遗传算法的改进策略及其在桥梁抗震优化设计中的应用效果[J]. 工程力学, 2000, (3): 31-36.

[9] 常林森, 张倩莹, 郭雪岩. 基于高斯过程回归和遗传算法的翼型优化设计[J]. 航空动力学报, 2021, 36(11): 2306-2316.

[10] 杨路春, 杨晨俊, 李学斌. 基于多目标进化算法和决策技术的螺旋桨优化设计研究[J]. 中国造船, 2019, 60(3): 55-66.

[11] 侯鹏飞, 马宏忠, 吴金利, 等. 基于混沌理论与蝗虫优化 K-means 聚类算法的电抗器铁芯和绕组松动状态监测[J]. 电力自动化设备, 2020, 40(11): 181-189.

[12] 李顺才, 李巍, 吴明明. 特征融合与 GA-SVM 在刀具状态监测中的应用研究[J]. 制造技术与机床, 2015, (4): 145-148.

[13] Luus R, Jaakola T. Optimization by direct search and systematic reduction of the size of search region[J]. AIChE Journal, 1973, 19(4): 760-766.

[14] Shahriari B, Swersky K, Wang Z, et al. Taking the human out of the loop: A review of Bayesian optimization[J]. Proceedings of the IEEE, 2015, 104(1): 148-175.

[15] Faramarzi A, Heidarinejad M, Stephens B, et al. Equilibrium optimizer: A novel optimization algorithm[J]. Knowledge-Based Systems, 2020, 191: 105190.

[16] 葛继科, 邱玉辉, 吴春明, 等. 遗传算法研究综述[J]. 计算机应用研究, 2008, (10): 2911-2916.

[17] Mirjalili S. Moth-flame optimization algorithm: A novel nature-inspired heuristic paradigm[J]. Knowledge-Based Systems, 2015, 89: 228-249.

第4章　设备状态信息采集及信号预处理

机械关键零部件(如刀具、轴承、齿轮等)的智能运维是一个高度依赖数据的复杂过程，其本质在于建立机械关键零部件运行状态和采集的相关物理信息(例如力、声音、振动)等之间的映射关系，并对相关数据进行处理与决策，以实现机械零部件的智能运维，而不依赖于人工经验[1-3]。在机械关键零部件的智能运维流程中，数据采集和预处理工作对于后续的决策至关重要[4-6]。因此，本章以自行建立的轴承、齿轮、刀具故障诊断试验平台为例，详细介绍了机械关键零部件运行状态信息的采集和信号预处理方法，以为后续的机械关键零部件智能运维模型搭建提供数据支持，并为读者提供基于传感器的数据采集和预处理方法的参考。

4.1　机械关键零部件状态信息采集

在机械关键零部件(如刀具、轴承、齿轮等)的工作过程中，通常会产生各种物理参量，如部件之间的力学信号以及部件或相关机械的振动信号、声音信号等。为了实现机械关键零部件的智能运维，研究者通常采用一种或多种相关参量的间接采集方式来建立零部件运行状态与参量之间的映射关系，以进行基于数据的诊断分析和决策。为了让读者更好地了解机械关键零部件状态信息的采集方法，本书以自行搭建的刀具磨损试验平台、轴承故障诊断试验平台和齿轮箱故障诊断试验平台为例，详细介绍了相关试验设备以及如何搭建试验平台。

4.1.1　自建刀具磨损试验平台

在车削过程中，车刀、工件以及所产生的切屑之间相互接触和作用，会导致刀具逐渐磨损，甚至损坏[7]。由于刀具失效所导致的意外事故会严重影响车削加工的效率，造成经济损失，因此，实时监测刀具的磨损状态显得尤为重要[8]。

1. 自建车刀全生命周期磨损量试验平台

当前，大多数研究者通常采集铣刀的相关数据，如由山东大学和齐鲁理工学院的研究人员开展的 SDU-QIT 立铣刀磨损试验[2,9]。然而，针对车刀磨损相关研究的试验平台很少。本书涉及的车刀磨损试验平台如图 4.1 所示，该试验平台位于贵州大学工程训练中心。使用 WNMG080408-BMWS7125 数控车刀进行试验，车削 25CrMo 钢棒料（初始尺寸 Φ50mm×250mm）。试验车床采用某企业生产的 C2-6136HK 数控车床，试验采用加速度传感器（INV9832-50）、云智慧采集分析仪（INV3062T0）、振动信号采集及分析系统（DASP-V11）来监测和采集刀具车削时的 X、Y、Z 轴三个方向上的振动信号，采样频率为 4～6kHz。初始车削加工参数详见表 4.1。

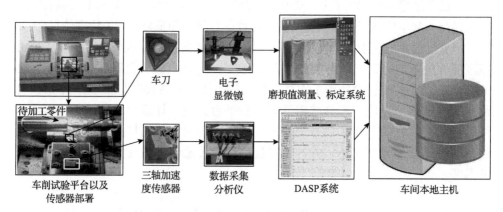

图 4.1　车刀磨损试验平台

表 4.1　车削试验参数

名称	车削速度 V_C/(m/min)	进给量 f/(mm/r)	背吃刀量 α_p/mm
参数	200	0.3	0.3

试验每 2min 采集一组数据，并取下刀具进行显微观测。刀具后刀面的最大磨损值 VB_{max} 如图 4.2 所示，试验车刀的磨损曲线如图 4.3 所示。

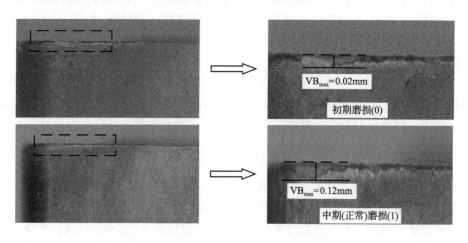

图 4.2　不同磨损状态下刀具后刀面 VB_{max} 测量图

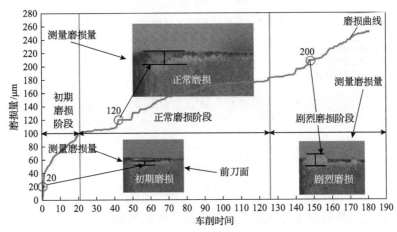

图 4.3　试验车刀后刀面磨损量曲线

刀具的磨损状态和磨损值 VB 的对应关系(三种状态的磨损区间)如表4.2所示。

表 4.2　刀具磨损状态与 VB 值关系

刀具磨损状态	对应 VB 值区间范围/mm
初期磨损	0～0.03
正常磨损	0.03～0.18
剧烈磨损	大于 0.18

使用加速度传感器采集的车刀在 X、Y、Z 轴的振动曲线如图 4.4～图 4.6 所示。

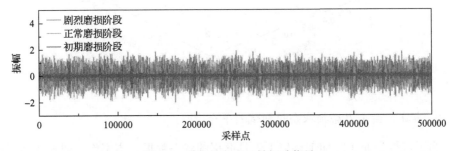

图 4.4　采集的车刀 X 轴振动信号

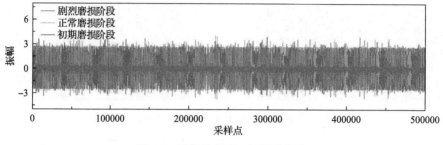

图 4.5　采集的车刀 Y 轴振动信号

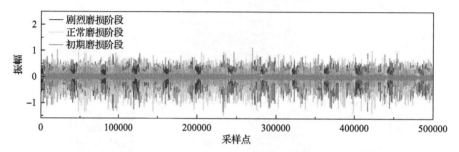

图 4.6　采集的车刀 Z 轴振动信号

采集的振动数据样本在三维空间的数据分布状态如图 4.7 所示。

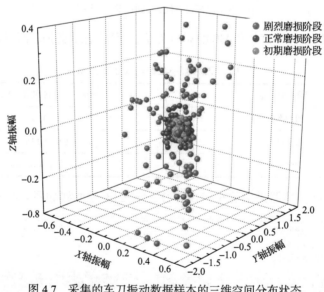

图 4.7　采集的车刀振动数据样本的三维空间分布状态

2. 自建铲齿车刀磨损状态识别试验平台

为了获得企业实际加工环境下刀具磨损的状态数据，本书作者研究团队与贵州华工工具注塑有限公司合作，建立了铲齿车刀磨损状态识别试验平台。在该试验平台上，使用 W6Mo5Cr4V2 高速钢铲齿车刀和 W18Cr4V 高速钢阿基米德齿轮滚刀，对滚刀进行铲齿加工。车床主轴带动着滚刀匀速旋转，并将铲齿车刀前刀面加工区域置于滚刀轴线的中心平面内。在机床刀架的带动下，均匀进给，完成滚刀的加工。铲齿车刀和齿轮滚刀分别如图 4.8 和图 4.9 所示，滚刀参数如表 4.3 所示，铲齿车刀加工参数如表 4.4 所示。

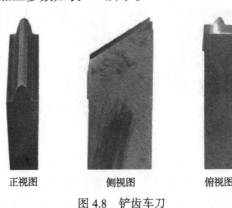

正视图　　　　　　侧视图　　　　　　俯视图

图 4.8　铲齿车刀

滚刀类型A　滚刀类型B　　滚刀(待加工)　　滚刀俯视图(已加工)　　滚刀正视图(已加工)

图 4.9　阿基米德齿轮滚刀

表 4.3　滚刀参数

名称	滚刀旋向	螺距压缩比	滚刀头数	滚刀槽数	回程角	铲程比
参数	1	0.0016	2	12	50°	0.55

表 4.4　铲齿车刀加工参数

循环次数	X 轴进给量 $f/(\text{mm/r})$	铲齿速度 $V_c/(\text{m/min})$
4	0.1	30
5	0.05	30

在齿轮刀磨损试验中，收集了铲齿车刀在实际工作环境下的全生命周期振动

数据。为了测量铲齿车刀的磨损值，使用超景深显微镜(型号 ZW-C3600，放大倍数 20～200)和数值校准软件 S-EYE。试验中，以铲齿车刀走完一刀为一组数据进行采集，之后取下刀具，通过显微镜观察刀具的磨损。铲齿车刀的磨损数据包括铲齿车刀后刀面的磨损值 VB 和前刀面月牙洼的磨损宽度 KT。铲齿车刀磨损数据的测量过程如图 4.10 所示。

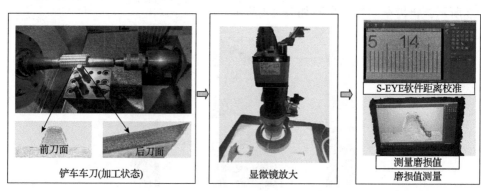

图 4.10　铲齿车刀磨损数据的测量过程

采用 INV9832-50 型加速度传感器，通过传感器自带的强磁力小磁座将它固定在刀具夹具上，采集铲齿车刀车削滚刀时的 X、Y、Z 轴三个方向上的全生命周期振动信号。采样频率为 10240Hz，加速度传感器的主要技术指标详见表 4.5。

表 4.5　INV9832-50 型加速度传感器的主要技术指标

名称	参数	名称	参数
灵敏度	100mV/g	温度范围	−50～120℃
横向(轴向)灵敏度	<5%	冲击极限	5000g
量程	50g	振动极限	500g
非线性度	1.0%	输出阻抗	<100Ω
频率范围	20～10240Hz	尺寸	19mm×19mm×19mm
谐振频率	40kHz	质量	12g

数据采集仪采用某单位生产的 INV3062T0 型云智慧采集分析仪(图 4.11)，其输入端连接专用传输线与 3 轴加速度传感器相连，输出端连接 PC 以实现振动信号采集。INV3062T0 型云智慧采集分析仪具备 4 个 24 位高精度 AD 采集通道、可选转速通道和 RS232 数字接口、以太网接口、WIFI 接口，能够轻松实现远距离或无线传输。因此，本地主机可以放置在安全区域内，不会增加加工环境的混乱和复杂程度，因此不会影响加工。该云智慧采集分析仪的主要技术指标详见表 4.6。

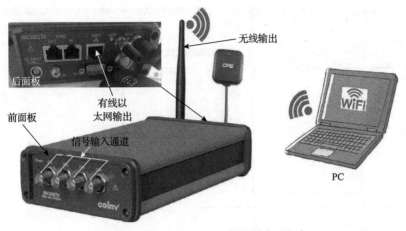

图 4.11　INV3062T0 型云智慧采集分析仪

表 4.6　INV3062T0 型云智慧采集分析仪的主要技术指标

名称	参数	名称	参数
信号通道数	4	AD 精度	24 位
最高采样频率	51.2kHz/通道	频率示值和分辨率误差	<0.01%
动态范围	120dB	频谱示值误差	<1.0%
通道输入量程	0.1V, 1V, 10V	通道输入噪声	<0.05mVrm@±10V 量程
总谐波失真	−70dB	输入阻抗	>1MΩ
内置存储器	16GB	内置电池	12Ah
抗混叠滤波	256 倍过采样+数字滤波+模拟抗混叠滤波器，总衰减幅度超过−300dB/oct		

　　数据采集与分析系统采用某研究所开发的 DASP-V11 数据采集及分析系统。该系统是一套可在 Windows 平台上运行的多通道信号采集和实时分析软件，包括信号示波和采集、信号发生和 DA 输出、基本信号分析等测试分析模块。如图 4.12 所示，该软件可以直接输出采集振动信号的时频特性数据，并将它存储在本地主机或 SQL 数据库中。此外，如本模块仅需使用 DASP-V11 的几个基本功能：时频波形展示、振动信号离线存储(主要用于后续机器学习浅层及深度模型训练与测试)，以及将数据实时传递至本地主机数据库(SQL)中(主要用于后续信号实时在线监测、状态预测等)。

　　搭建的铲齿车刀磨损状态识别试验平台如图 4.13 所示。

　　为了有效量化铲齿车刀的磨钝标准，考虑到刀具的加工环境、加工材料、要求的工件精度以及刀具的磨钝标准各不相同，采用国际标准 ISO3685 规定的方

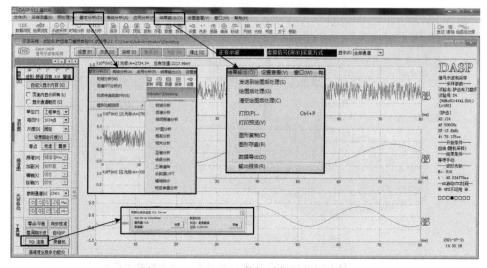

图 4.12　DASP-V11 数据采集及分析系统

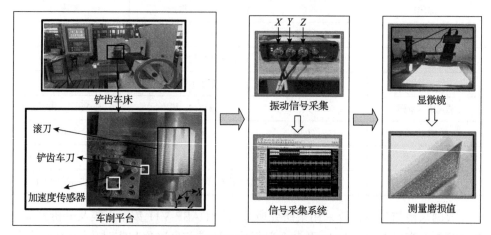

图 4.13　铲齿车刀磨损状态识别试验平台

法。具体而言，以 1/2 背吃刀量处后刀面上测量的磨损带 VB 和前刀面月牙洼的宽度KB(辅助标准，用于防止产生试验误差)作为判定达到铲齿车刀综合磨钝标准的依据。在铲齿车刀全生命周期中，共计进行了 296 次车削，以达到磨钝标准。试验测得的铲齿车刀全生命周期中的磨损数值(包括后刀面磨损带 VB 和前刀面月牙洼宽度 KB)以及相应的磨损曲线分别如图 4.14 和图 4.15 所示。

　　根据本节试验获得的磨损曲线，将铲齿车刀走刀第 60 刀(KB=170μm、VB=110μm)作为铲齿车刀初期磨损阶段和正常磨损阶段的划分界限；将铲齿车刀第208 刀(KB=145.897μm，VB=251.02μm)作为铲齿车刀的正常磨损阶段和剧烈磨损阶段的划分界限。根据国家标准 GB/T 16460—2016《立铣刀寿命试验》，铲齿车刀的磨损标准可以用 VB 和 KB 两个参数来评价。根据试验结果和国家标准，本书具体的试验铲齿车刀的磨钝标准如表 4.7 所示。

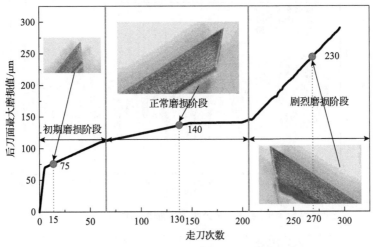

图 4.14 铲齿车刀后刀面磨损曲线

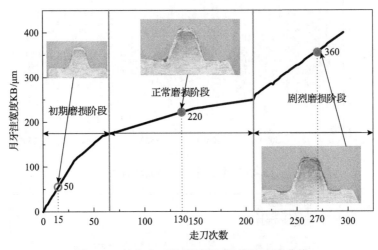

图 4.15 铲齿车刀前刀面月牙洼磨损宽度曲线

表 4.7 铲齿车刀磨钝标准

刀具磨损状态	VB 区间范围/μm	KB 区间范围(辅助)/μm
初期磨损阶段	0~110	0~170
正常磨损阶段	110~146	170~251
剧烈磨损阶段	大于 146	大于 251

使用加速度传感器采集的车刀在 X、Y、Z 轴的振动曲线（三种磨损状态）如图 4.16～图 4.18 所示。

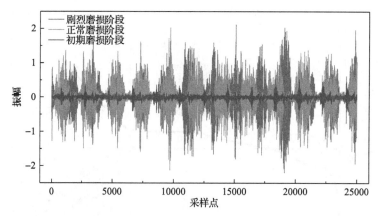

图 4.16　铲齿车刀 X 轴振动信号

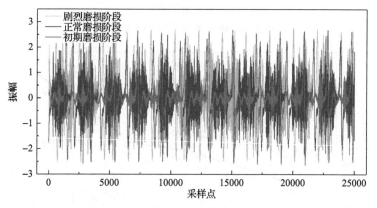

图 4.17　铲齿车刀 Y 轴振动信号

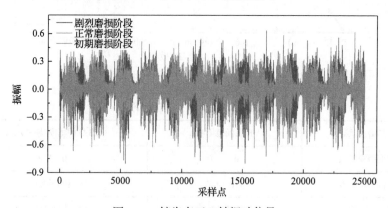

图 4.18　铲齿车刀 Z 轴振动信号

4.1.2　自建轴承故障诊断试验平台

本试验平台搭建于贵州大学现代制造技术教育部重点实验室，如图　4.19[10] 所示。

如图 4.20 所示，试验轴承型号为 6900ZZ，使用电火花技术分别在轴承外圈、滚珠、内圈加工直径为 0.2mm 和 0.3mm 的小凹槽，以模拟各种故障类型，其中包含单点故障和复合故障等（相关细节将在第 6 章进行介绍）。采用加速度传感器对轴承振动信号进行采集，采样频率为 10kHz，轴承转速为 3000r/min。轴承不平衡负载的构建分为两种情况：第一种为在负载盘上加装单点连续分布的负载，第二种为在负载盘上均匀分布于半盘的负载。针对每种负载不平衡条件，采集 12 类故障，其中包括单点故障和复合故障。每类故障均采集 200 个样本，每个样本长度为 1024。采集的故障 1 到 6 的振动信号如图 4.21 所示，其中横坐标为采样次数，纵坐标为振动幅度（工程单位：g）。具体的数据集信息详见表 4.8。

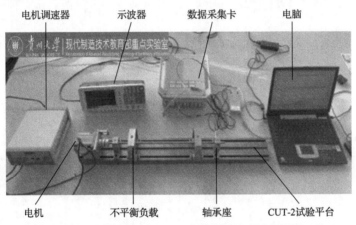

图 4.19　自建 CUT-2 轴承故障诊断试验平台[11]

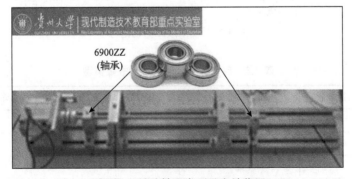

图 4.20　试验轴承类型及安放位置

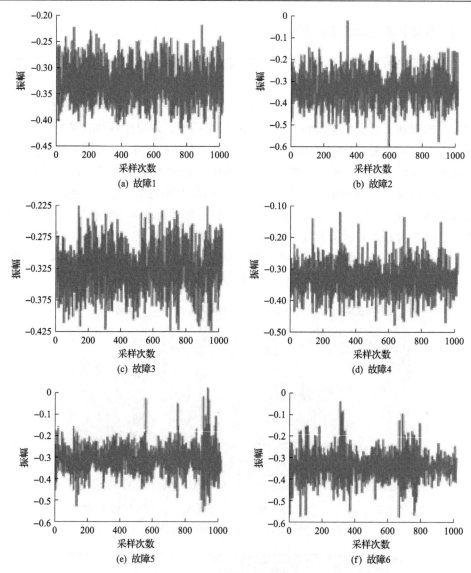

图 4.21　轴承故障振动信号

表 4.8　自建轴承试验的轴承故障类型

外圈故障直径/mm	内圈故障直径/mm	球体故障直径/mm	类别标签
无	0.2	无	0
无	0.3	无	1
0.2	无	无	2
0.3	无	无	3

续表

外圈故障直径/mm	内圈故障直径/mm	球体故障直径/mm	类别标签
无	无	0.2	4
无	无	0.3	5
0.2	0.2	无	6
0.3	0.2	无	7
无	0.2	0.2	8
无	0.3	0.2	9
0.2	无	0.2	10
0.2	无	0.3	11

4.1.3　自建齿轮箱故障诊断试验平台

　　振动信号是接触式测量信号，在特殊工况下使用会受到限制。非接触式测量测得的声音信号也能反映设备的运行状态，此种测量方式不仅能有效适应复杂环境，而且已逐渐成为诊断设备故障的新途径。针对信号源单一、无法全面反映设备运行状态的问题，本书以齿轮为研究对象，提出一种多信号源融合的诊断方法。在半消声室环境中搭建了齿轮箱故障诊断试验平台，利用电火花技术人为破坏齿轮，设计了不同工况条件下的齿轮运行状态，并利用振动传感器和声音传感器采集了齿轮在不同工况条件下的振动和声音信号。本次试验是在某声学研究所的半消声室中完成的。试验平台主要包括异步电机、JZQ200 齿轮减速器、变频器、磁粉制动器、传感器、采集卡、终端等组成部分[11]，具体结构如图 4.22 所示。

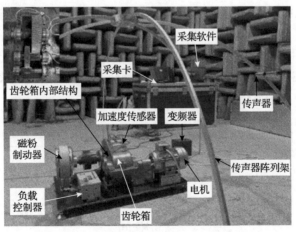

图 4.22　自建齿轮箱故障诊断试验平台[11]

　　试验平台位于传声器阵列架下方，该阵列架上固定了传声器，用于采集齿轮不同运行状态的声音信号。同时，在齿轮箱侧面安装了压电式加速度传感器（CY1010L），用于采集振动信号。所有采集到的信号通过数据采集卡连接至终端进行保存和分析。在试验中，大齿轮作为故障齿轮，在电火花加工的人为破坏方式下设置了三个故障状态，分别是点蚀、断齿和磨损，详见图 4.23。

(a) 正常　　　　　　　　　　　(b) 点蚀

(c) 断齿　　　　　　　　　　　(d) 磨损

图 4.23　齿轮故障

　　试验中，电机带动整个齿轮传动系统转动。变频器控制电机转速为 900r/min、1800r/min、2700r/min，磁粉制动器控制载荷情况以实现有负载和无负载两种情况。采样频率为 16kHz，采样间隔为 5min，采样时长为 60s。为保证试验数据的多样性，试验模拟了 10 种不同的工况，对应电机的三种转速（试验统一为无负载状态运行）。试验采用加速度传感器采集振动信号，传声器采集声音信号。每种故障类型的齿轮均采集了 40 个带有 4 个通道的音频样本，音频文件记录时长均为 60s。声音信号的时、频信号信息如图 4.24 所示。

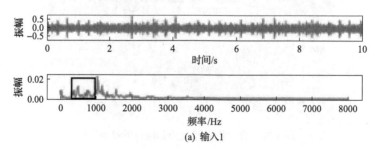

(a) 输入1

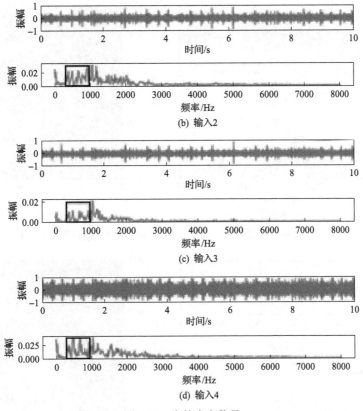

图 4.24　齿轮声音信号

为方便分析，选取电机转速为 900r/min、齿轮在四种状态(正常、磨损、断齿和点蚀)情况下的振动信号进行采集。对于每种状态，分析并绘制信号的时域波形图、频谱图和时频图，具体如图 4.25～图 4.28 所示。

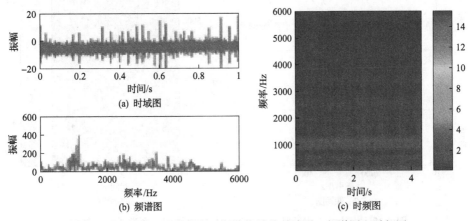

图 4.25　齿轮处于正常状态时振动信号的时域图、频谱图和时频图

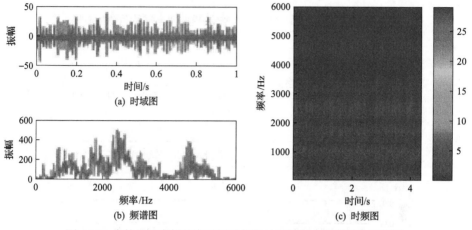

图 4.26　齿轮处于磨损状态时振动信号的时域图、频谱图和时频图

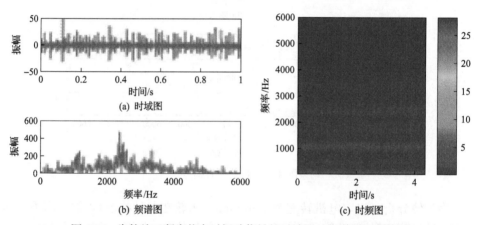

图 4.27　齿轮处于断齿状态时振动信号的时域图、频谱图和时频图

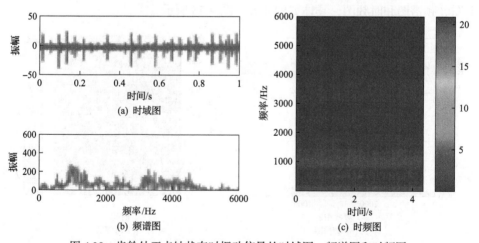

图 4.28　齿轮处于点蚀状态时振动信号的时域图、频谱图和时频图

为了获得更客观的结果，通过随机采样的方式从原始数据中获取试验数据。每种故障类型的样本为 400 个，其中包括 200 个振动样本和对应的 200 个时间内的声音样本，共计 2000 个振动样本和 2000 个声音样本。齿轮试验数据集的构建情况详见表 4.9。

表 4.9　齿轮数据集[11]

故障状态		正常	点蚀			断齿			磨损		
故障类型(标签)		0	1	2	3	4	5	6	7	8	9
电机转速/(r/min)		900	900	1800	2700	900	1800	2700	900	1800	2700
振动	训练集	150	150	150	150	150	150	150	150	150	150
	测试集	50	50	50	50	50	50	50	50	50	50
声音	训练集	150	150	150	150	150	150	150	150	150	150
	测试集	50	50	50	50	50	50	50	50	50	50

4.2　机械关键零部件运行状态信号预处理

通常情况下，传感器采集的数据质量往往不理想，会出现无效数据、数据丢失、大量噪声数据等问题。因此，对采集的原始数据进行初步的数据预处理，如数据清洗、数据规约、数据变换和数据集成，就变得非常重要。

4.2.1　数据清洗

如果使用的数据是不规范的、不一致的或包含错误、缺失、重复或无效数据，会严重影响后续的机器学习模型的学习能力和决策能力，即输出的结果是不可靠的。因此，数据清洗 (data cleaning, DC) 的主要思想是通过填补缺失值、平滑噪声数据、平滑或删除异常值，并解决数据的不一致性来"清理"数据，以确保数据质量和一致性。

1. 缺失值的处理

在现实世界中，在获取信息和数据的过程中常常会遇到各种问题，导致数据出现丢失和空缺的情况。针对这些缺失值，需要采用不同的方法来处理，主要是基于变量的分布特性和变量的重要性(信息量和预测能力)来选择处理方法。这些方法可以分为以下几种：

(1) 删除变量，即如果某个变量的缺失率较高(大于 80%)，覆盖率较低，且重要性较低，可以直接将该变量删除。

(2) 定值填充，在工程中通常会用 –9999 进行替代，或者在某些情况下需要保持原有数据的真实性,可以使用 NaN(not a number)进行填充。

(3)统计量填充,在缺失率较低(小于 95%)且重要性较低的情况下,可以根据数据分布的情况进行填充。

如果数据符合均匀分布,则可以用该变量的均值填补缺失,如果数据存在倾斜分布的情况,则可以采用中位数进行填补;插值法填充,包括随机插值、多重差补法、热平台插补、拉格朗日插值以及牛顿插值等,具体选择哪种方法需要根据数据的特点进行尝试和试验。缺失值填充方法包括模型填充和哑变量填充。模型填充可采用回归、贝叶斯、随机森林、决策树等模型对缺失数据进行预测,并以预测值填充缺失数据。哑变量填充适用于离散型变量,当变量不同取值较少时,可将它转换为哑变量,例如,将性别变量 "male, female, NA" 转换为 "IS_SEX_MALE, IS_SEX_FEMALE, IS_SEX_NA",而当变量存在十几个不同取值时,可以根据每个取值的频率,将频率较低的取值归为 "其他" 类,以降低维度,最大程度地保留变量信息。对于铲齿车刀的振动数据,需要进行数据清洗以剔除无意义的信号。在铲齿车刀进行车削作业时,滚刀旋转一周后,铲齿车刀会退刀一次,此时车床处于空转状态,铲齿车刀未进行加工作业。然而,加速度传感器仍在采集信号。因此,需要按照加工经验进行数据清洗,如图 4.29 所示,剔除这些无意义的信号。

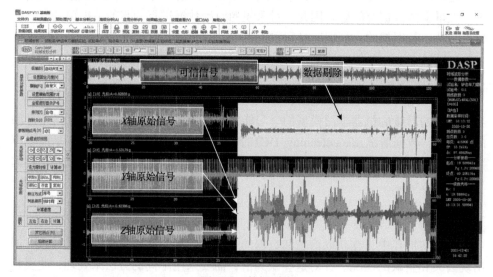

图 4.29 数据剔除

2. 离群点处理

异常值是数据分布中的普遍现象。通常情况下,数据如果落在特定的分布区域或范围之外，便被视为异常或噪声。异常可分为两种类型："伪异常"和"真异常"。前者是由于传感器特定的运行模式所产生的，这种情况下，传感器能够正常反映其相关的状态，但数据本身并没有异常。后者则不同，它并非由于传感器特定的运行模式所产生，而是由于数据本身分布异常所导致，也就是所谓的"离群点"。可以通过简单的统计分析，比如基于箱线图或各分位点等判断是否存在异常来检测离群点。例如，在 Python 语言中，可以使用 pandas 库中的 describe 函数快速发现异常值。此外，还可以使用其他方法进行异常检测，这些方法有：

(1) 基于绝对离差中位数(median absolute deviation, MAD)的方法，它是一种稳健的对抗离群数据的距离值方法，通过计算各个观测值与平均值的距离总和来确定异常值，能够更好地应对离群值对计算结果的影响。

(2) 基于距离的方法，通过定义对象之间的距离度量来判断异常对象是否远离其他对象，从而判断是否为离群点。但是，该方法的计算复杂度较高，不太适用于大数据集和存在不同密度区域的数据集。

(3) 基于密度的方法，它适用于非均匀的数据集，利用局部密度低于大部分近邻点的离群点。该方法能够更好地处理不同密度区域的数据，但也需要进行一些参数设置。

(4) 基于聚类的方法，指利用聚类算法将远离其他簇的小簇丢弃，以确定离群点。该方法的优点在于它能够发现集群中的离群点，但是需要根据数据集进行一些参数设置。

综合来看，数据处理阶段应将离群点视为影响数据质量的异常点，而非通常所说的异常检测目标点。值得额外说明的是，在删除离群点数据时，不能盲目地简化数据，以免删除一些具有重要信息的传感器样本数据。一般情况下，根据异常点的数量和影响，可以考虑是否将该条传感器记录删除。虽然这种方法简单直接，但是会造成信息损失。如果采用对数变换(log-scale)来消除异常值，对于大量数据，该方法的效果比较好，且损失的数据信息有限。另外，可以使用平均值或中位数替代异常点，这种方法简单高效，信息的损失也较少，但是会对使用边界学习型模型(如 SVM)产生较大影响，但在训练树模型时，树模型对离群点的鲁棒性较高，无信息损失，也不会影响模型训练效果。

3. 噪声处理

噪声指变量的随机误差和方差，是观测点和真实点之间的误差。通常的处理方法是对数据进行分箱操作，可以等频或等宽分箱，然后用每个箱的平均数、中位数或者边界值来代替箱中所有的数，以达到平滑数据的效果。另一种方法是建立该变量和预测变量的回归模型，根据回归系数和预测变量来反推自变量的近似值。近年来，一些数据去噪算法也受到了学术界的关注，如小波去噪算法、小波包去噪算法等，都是高效的数据去噪智能处理方法[12-14]。本书采用小波去噪法对铲齿车刀数据进行去噪处理，如图 4.30 所示。

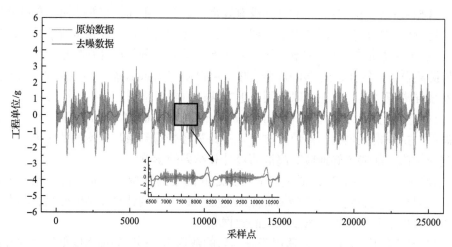

图 4.30　使用小波去噪对铲齿车刀数据进行去噪处理

4.2.2　数据规约

数据归约技术是一种有效的数据压缩方法，可以得到数据集的简化表示，尽管它比原数据小得多，但仍然保持了数据完整性的基本特征。这样，在归约后的数据集上进行数据挖掘将更加高效，并能产生相同或几乎相同的分析结果。一般有以下策略可供选择。

1）维度规约

数据分析中的数据通常包含大量属性，其中许多属性与挖掘任务无关且冗余。为减少数据量并尽可能减少信息损失，使用维度归约方法来删除不相关的属性。属性子集选择旨在找出最小属性集，使得使用该属性集与使用所有属性时，数据类的概率分布最接近。在压缩的属性集上进行挖掘的好处在于，可以减少出现在发现模式上的属性数目，使得模式更易于理解。逐步向前选择方法从空属性集开始，选择原属性集中最优秀的属性，并将它添加到该集合中。在每一次迭代中，从原属性集中选择最佳的剩余属性，并将它添加到该集合中。逐步向后删除方法从整个属性集开始，在每一步中删除最差的属性，直到达到满意的属性集。将向前选择和向后删除方法结合在一起，每一步选择一个最佳的属性，并删除剩余属性中的一个最差的属性。例如，递归特征消除算法（recursive feature elimination, RFE）在 Python 语言中的 scikit-learn 库中采用此思想进行特征子集筛选。一般来说，建议考虑建立 SVM 或回归模型[15]。此外，现在很多研究者也常使用其他方法，如单变量重要性分析、皮尔逊相关系数和卡方检验分析、回归系数分析、树模型的 Gini 指数分析、Lasso 正则化以及 IV 指标等方法。单变量重要性分析，评估单变量与目标变量之间的相关性并删除预测能力较低的变量，这种方法不同于属性子集选择，通常从统计学和信息学的角度进行分析。皮尔逊相关系数和卡方检验可用于分析目标变量和单变量之间的相关性，使用回归系数来训练线性回归或逻辑回归，提取每个变量的表决系数，进行重要性排序。可使用树模型的 Gini 指数来训练决策树模型，提取每个变量的重要度，进行排序。可使用 Lasso 正则化来训练回归模型，加入 L_1 正则化参数，将特征向量稀疏化。可使用 IV 指标来定义变量的重要度，在风险管理模型中通常将阈值设定在 0.02 以上。

　　本书没有具体讲解这些方法的理论知识和实现方法，读者需要根据自己的需求进行熟悉和掌握。一般情况下，选择哪种方法取决于采集到的数据类型和特点。如果数据需要对决策结果有较多的解释性，则可以考虑采用一些统计学上的方法，如变量的分布曲线、直方图等直观而严谨的方法，再计算相关性指标，最后考虑一些模型方法。如果需要进行建模，则通常采用模型方法进行特征筛选。如果使用一些更复杂的模型，如 GBDT、DNN 等，则建议不进行特征选择，而是采用特征交叉的方法。

　　2）维度变换

　　维度变换是一种常用的数据降维方法，可以在保留数据信息的前提下，减少数据的维度，从而减少数据处理的时间和空间复杂度，提高数据处理效率。在实际应用中，根据数据的特性和需求，可以选择不同的降维方法。主成分分析（PCA）是一种常用的降维方法，可以将高维数据映射到低维空间，并且保留原始数据的主要特征。因子分析（factor analysis, FA）法是一种用来发现观测变量之间的潜在因子的方法，可以找到一个潜在因子集合来解释观测数据之间的共同变化。奇异值分解（SVD）是一种常用的矩阵分解方法，可以将一个矩阵分解成三个矩阵的乘积，其中一个矩阵是对角线矩阵，对角线上的元素称为奇异值，可以用来描述数据的重要程度。聚类算法可以将具有相似性的特征聚到单个变量，从而减少数据的维度。线性回归可以用来描述不同变量之间的关系，可以将多个变量做线性组合，从而降低数据的维度。流形学习是一种基于局部特征的降维方法，可以在保留数据结构的前提下，减少数据的维度。总之，数据降维是一个非常重要的问题，可以帮助我们更好地理解和处理数据。在选择降维方法时，需要根据数据的特点和需求进行选择，并且需要对降维方法进行适当的调整和优化，以达到最佳效果[16]。

4.2.3　数据变换

　　通过传感器获得的数据往往需要进行数据变换后再使用机器学习模型进行训练，以提升数据规范性，有利于机器学习模型学习数据的深层特征。数据变换包括数据规范化、离散化和稀疏化处理等。

1)数据规范化处理

由于数据中不同特征的量纲可能存在差异，数值之间的差别也可能很大，不对其进行处理可能会对数据分析结果造成影响。因此，需要将数据按照一定比例进行缩放，以便于进行综合分析，特别是在基于距离的挖掘方法，如聚类算法、KNN 法和 SVM 中，一定要进行规范化处理。一般情况下，数据的规范化处理有三种方法：最大-最小规范化(将数据映射到[0,1]区间)、Z-Score 标准化(使得处理后的数据均值为 0，方差为 1)和 log 变换(在时间序列数据中，对于数据量级相差较大的变量，通常采用 log 函数的变换)。选择这三种规范化的处理方法需要根据数据的特点来进行，正确的选择可以使后续的机器学习模型的学习性能得到充分的发挥。

2)离散化处理

数据离散化是指将连续的数据分段处理，变为一段段离散化的区间。分段的原则有基于等距离、等频率或优化的方法。通常，针对某些模型的需要，比如决策树、朴素贝叶斯等算法，都是基于离散型的数据展开的。为了使用这些算法，必须进行数据离散化，而有效的离散化能够减小算法的时间和空间开销，提高系统对样本的分类聚类能力和抗噪声能力，同时离散化的特征相对于连续型特征更易理解，能够有效克服数据中隐藏的缺陷，使模型结果更加稳定。在进行数据离散化操作时，较为常用的方法有等频法、等宽法和聚类法。

等频法是一种数据离散化的方法，它使得每个箱中的样本数量相等。例如，如果总样本数为 $n=100$，分成 $k=5$ 个箱，则分箱原则是保证每个箱中的样本数量为 20。另一种常用的离散化方法是等宽法，它使得属性箱宽度相等。例如，如果传感器采集的变量范围为 0～100，可以分成五个等宽的箱，即[0, 20]，[20, 40]，[40, 60]，[60, 80]，[80, 100]。聚类法是一种将数据离散化的方法，它根据聚类出来的簇将每个簇中的数据归为一个箱，而簇的数量由模型给定。

传感器数据的预处理是一个系统工程，对于后续机械零部件的运维决策具有重要影响。本书详细介绍了传感器原始数据的数据预处理方法，包括数据清理、数据集成、数据规约和数据变换等四个方面。需要注意的是，本书未对这些方法的具体理论知识和实现方法进行详细讲解，读者需要根据自己的需求进行熟悉和掌握。

4.2.4 数据集成

数据分析任务通常涉及数据集成。数据集成是将多个数据源中的数据结合，存放在一个一致的数据存储中，如数据仓库中。这些数据源可能包括多个数据库或一般文件。在进行数据集成时，通常需要考虑数据冗余和避免相关数值的冲突问题。该部分的数据预处理需要操作员具有一定的相关背景知识。通常的做法是，对于数值型变量，可以计算相关系数矩阵；对于标称型变量，可以计算卡方检验。

4.3　本章小结

本章主要介绍了机械关键零部件运行状态信息的采集和信号预处理方法。首先介绍了刀具磨损试验平台、轴承和齿轮箱故障诊断试验平台的构建过程，并详细讲述了相关试验平台的搭建过程和相关零部件运行状态信息的采集方法。然后，对采集的原始零部件运行状态信息进行了数据清洗、数据规约、数据变换和数据集成等信号数据预处理方法的介绍。这为后续实现基于机器学习和深度学习的典型零部件智能故障诊断和监测提供了原始的数据支撑，为相关领域的从业和研究者提供了借鉴和参考价值。

参 考 文 献

[1] 房芳, 郑辉, 汪玉, 等. 机械结构健康监测综述[J]. 机械工程学报, 2021, 57(16): 269-292.

[2] 狄子钧, 袁东风, 李东阳, 等. 基于多尺度-高效通道注意力网络的刀具故障诊断方法[J/OL]. 机械工程学报, 2023: 1-9.

[3] 李乃鹏, 蔡潇, 雷亚国, 等. 一种融合多传感器数据的数模联动机械剩余寿命预测方法[J]. 机械工程学报, 2021, 57(20): 29-37, 46.

[4] 刘强, 张海军, 刘献礼, 等. 智能刀具研究综述[J]. 机械工程学报, 2021, 57(21): 248-268.

[5] 崔玲丽, 刘银行, 王鑫. 基于改进奇异值分解的滚动轴承微弱故障特征提取方法[J/OL]. 机械工程学报, 2022: 1-12.

[6] 陈是扦, 彭志科, 周鹏. 信号分解及其在机械故障诊断中的应用研究综述[J]. 机械工程学报, 2020, 56(17): 91-107.

[7] 郭宏, 胡孔耀, 闫献国, 等. 振动自感知刀具磨损无线监测[J]. 西安交通大学学报, 2022, 56(11): 1-10.

[8] 朱云伟, 黄海松, 魏建安. 基于 GA-LightGBM 的刀具磨损状态在线识别[J]. 组合机床与自动化加工技术, 2021, (10): 83-87.

[9] 信苗苗, 曹凤, 江铭炎, 等. SDU-QIT立铣刀磨损试验数据集[J]. 机械工程学报, 2022, 58(9): 166-171.

[10] 何强, 唐向红, 李传江, 等. 负载不平衡下小样本数据的轴承故障诊断[J]. 中国机械工程, 2021, 32(10): 1164-1171, 1180.

[11] Yao Y, Wang H, Li S, et al. End-to-end convolutional neural network model for gear fault diagnosis based on sound signals[J]. Applied Sciences, 2018, 8(9): 1584.

[12] 梁春辉, 刘晓波, 辜振谱, 等. 混合粒子群优化的多小波相邻系数法及其应用[J]. 计算机集成制造系统, 2022, 28(3): 843-852.

[13] 刘建昌, 权贺, 于霞, 等. 基于参数优化 VMD 和样本熵的滚动轴承故障诊断[J]. 自动化学报, 2022, 48(3): 808-819.

[14] 吕琛, 王桂增, 邱庆刚. 基于声信号小波包分析的故障诊断[J]. 自动化学报, 2004, (4): 554-559.

[15] 姚德臣, 杨建伟, 程晓卿, 等. 基于多尺度本征模态排列熵和 SA-SVM 的轴承故障诊断研究[J]. 机械工程学报, 2018, 54(9): 168-176.

[16] 刘武强, 杨小强, 申金星. 基于自适应 RCGmvMFE 和流行学习的滚动轴承故障诊断[J]. 机械强度, 2022, 44(1): 9-18.

第 5 章　信号特征提取与重构

装备智能运维中状态监测与故障诊断的关键是特征提取与状态识别。对于特征提取，主要分为以小波分解、模态分解、Shannon 能量熵等为例的人工特征提取方法以及以深度卷积神经网络等为例的无监督特征提取方法。为了使状态识别结果更加优异，需要对提取后特征进行降维、数据均衡与增强处理等处理，本章将以所采数据为例对所涉及特征提取方式、降维方式及数据均衡与增强方式进行展现。

5.1　人工特征提取

机械系统的关键零部件，如轴承，其故障振动信号通常为非平稳信号，采用传统的频域分析方法不能有效地提取其故障特征。相比之下，小波变换具有很好的时频局部化特性，是处理非平稳信号的有力工具，已被广泛用于滚动轴承故障特征的提取[1]。但是，小波变换缺乏自适应性，即在故障诊断中，如何选择小波基缺乏理论指导，并且一旦选择了某个小波基函数，在整个信号处理过程中都无法替换。相比之下，模态分解是一种新型的具有自适应性的时频分析方法，它不需要预先指定基函数，而是根据信号的时间尺度特征进行分解，因此消除了信号分解过程中基函数选择等人为因素，使分解结果具有较高的信噪比和时频分辨率，因此更适合非线性和非平稳信号分析。模态分解包括经验模态分解(empirical mode decomposition, EMD)、集成经验模态分解(ensemble empirical mode decomposition, EEMD)、自适应白噪声总体平均经验模态分解(complete ensemble empirical mode decomposition with adaptive noise, CEEMDAN)及改进的自适应白噪声总体平均经验模态分解(improved complete ensemble empirical mode decomposition with adaptive noise, ICEEMDAN)等方法。

5.1.1　经验模态分解

经验模态分解(EMD)是非平稳信号处理的一种重要方法，由 Huang 于 1998 年提出，是希尔伯特-黄转换(Hilbert-Huang transform)的重要组成部分，它基于特征时间尺度来识别信号中所包含的所有振动模态，并将复杂信号分解为有限个本征模态函数(intrinsic mode function, IMF)。这种方法既适用于非线性、非平稳信号的分析，又适用于线性、平稳信号的分析。

EMD 方法主要基于数据极大值和极小值、局部时域特性，通过极值点间的时间尺度来唯一确定特征时间尺度，并通过对数据微分一次或多次来求得极值，然后通过积分来获得分解结果等理论。该过程可理解为筛选（sifting）。EMD 方法具有直观性、间接性、后验性，且其分解所用的特征时间尺度直接源于原始信号。尽管 EMD 方法在实践中具有一定的经验性和近似性，但仍然是处理非平稳信号的重要工具。

使用 EMD 原始信号 $x(t)$ 的步骤如下所示。

步骤 1：找到信号 $x(t)$ 的所有极值点。

步骤 2：利用 3 次样条曲线拟合上下极值点的包络线 $\mathrm{emax}(t)$ 和 $\mathrm{emin}(t)$，并求出它们的均值 $m(t)$。

步骤 3：根据预设判据判断 $h(t) = x(t) - m(t)$ 是否为本征模态函数。如果不是，则以 $h(t)$ 代替 $x(t)$，重复步骤 1～步骤 3 直到 $h(t)$ 满足判据，此时 $h(t)$ 就是需要提取的 $\mathrm{IMF}(t)$。

步骤 4：每得到一阶本征模态函数，将其从原信号中剔除，然后重复步骤 1～步骤 4，直到信号剩余部分为单调序列或常值序列。

经过以上步骤，EMD 方法将原始信号 $x(t)$ 分解成一系列本征模态函数和剩余部分的线性叠加，表示如下：

$$x(t) = \sum_{i=0}^{N} C_i(t) + r_n(t) \tag{5.1}$$

5.1.2　集成经验模态分解

集成经验模态分解（EEMD）是一种加噪的数据分析方法，它通过多次向原始信号中添加不同的高斯白噪声，然后对每个噪声加入后的信号进行传统的经验模态分解，最后，将每个经验模态分解得到的本征模态函数加和取平均值，得到最终的模态分量。由于高斯白噪声具有零均值原则，多次集成平均也可以消除高斯白噪声的影响。EEMD 方法的一般步骤如下所示。

步骤 1：向原始信号中多次加入高斯白噪声，形成新的信号，表示为

$$x^i(n) = X(n) + v^i(n), \quad i = 1, 2, \cdots, m \tag{5.2}$$

式中，$x^i(n)$ 为第 i 次加入高斯白噪声后的信号序列；$X(n)$ 为原始信号序列；$v^i(n)$ 为第 i 次加入的高斯噪声白信号；m 为试验的总次数。

步骤 2：将每次新的信号源进行传统的经验模态分解，表示为

$$\mathrm{IMF}^i(n) = \mathrm{EMD}_k(x^i(n)), \quad i = 1, 2, \cdots, m; k = 1, 2, \cdots, K \tag{5.3}$$

式中，$\mathrm{IMF}^i(n)$ 为第 i 次试验的经验模态分解的本征模态函数值；k 为经验模态分解得到的本征模态函数值个数，$x^i(n)$、m 意义同式 (5.2) 中。

步骤 3：求解最终的 EEMD 变量，表示为

$$\overline{\mathrm{IMF}_k} = \frac{1}{m}\sum_{i=1}^{m}\mathrm{IMF}_k^i(n), \quad k \in 1,2,\cdots,K \tag{5.4}$$

式中，$\overline{\mathrm{IMF}_k}$ 为原始信号 $X(n)$ 的第 k 个 EEMD 的模态分量；IMF_i^k 为第 i 次试验第 k 个 EMD 的模态分量。

5.1.3　自适应白噪声总体平均经验模态分解

由于 EEMD 在每次分解时向原始信号中加入不同的高斯白噪声，所以 $x^i(n)$ 信号每次试验中产生的本征模态函数值是不同的，同时每次分解得到的余量信号也不相同，因此会产生重构误差，如式 (5.5) 所示：

$$r_k^i(n) = r_{k-1}^i(n) - \mathrm{IMF}_k^i(n), \quad i \in 1,2,\cdots,m; k \in 1,2,\cdots,K \tag{5.5}$$

式中，$r_k^i(n)$ 为第 i 次试验第 k 个剩余残量，IMF_i^k 为第 i 次试验第 k 个 EMD 的模态分量。为解决 EEMD 方法产生的重构误差，自适应白噪声平均经验模态分解 (CEEMDAN) 方法被提出。该方法的具体步骤如下所示。

步骤 1：将正、负高斯噪声白信号成对加入原始信号中，构成新的信号源，并对它进行 m 次传统经验模态分解，以获取 m 个第 1 阶本征模态函数分量，即

$$X(n) + (-1)^q a_0 v^i(n) = \mathrm{IMF}_1^i(n) + r_1^i(n), \quad i \in 1,2,\cdots,m \tag{5.6}$$

式中，$X(n) + (-1)^q a_0 v^i(n)$ 为新的信号源；$X(n)$ 为原始信号序列；$q \in 1,2,\cdots,m/2$，$m/2$ 为正、负高斯噪声白的成对数；a_0 为白噪声的幅值；$r_1^i(n)$ 第 m 次试验的第 1 个剩余残量；$\mathrm{IMF}_1^i(n)$ 为第 m 次试验的第 1 阶本征模态函数分量。对 m 次试验的所有 $\mathrm{IMF}_1^i(n)$ 求均值，便得到 CEEMDAN 方法下的第 1 阶本征模态函数分量 $\overline{\mathrm{IMF}_1(n)}$，即

$$\overline{\mathrm{IMF}_1(n)} = \frac{1}{m}\sum_{i=1}^{m}\mathrm{IMF}_1^i(n) = X(n) - \frac{1}{m}\sum_{i=1}^{m}r_1^i(n) \tag{5.7}$$

由式 (5.6) 和式 (5.7) 可知，由于求均值的过程中正、负成对高斯白噪声 $(-1)^q a_0 v^i(n)$ 的相互抵消作用，分解后的 $\overline{\mathrm{IMF}_1(n)}$ 使噪声极大地减弱了。

步骤 2：首先，根据式 (5.6) 和式 (5.7) 求出第 1 阶残差 $r_1(n)$：

$$r_1(n) = X(n) - \overline{\text{IMF}_1(n)} = \frac{1}{m}\sum_{i=1}^{m} r_1^i(n) \tag{5.8}$$

接着在 $r_1(n)$ 的基础上加入经 EMD 后的正、白噪声信号的本征模态函数以构成新的信号源 $r_1(n) + (-1)^q a_1 E_1(v^i(n))$，然后进行 m 次 EMD，便得到 m 个第 2 阶本征模态函数分量 $\text{IMF}_2^i(n)$，即

$$r_1(n) + (-1)^q a_1 E_1(v^i(n)) = \text{IMF}_2^i(n) + r_2^i(n), \quad i \in 1,2,\cdots,m \tag{5.9}$$

最后，与求第 1 阶分量类似，对 m 个第 2 阶本征模态函数分量 $\text{IMF}_2^i(n)$ 求均值，获得最终的第 2 阶本征模态函数分量 $\overline{\text{IMF}_2(n)}$，同时可以得到第 2 阶残差 $r_2(n)$：

$$\overline{\text{IMF}_2(n)} = \frac{1}{m}\sum_{i=1}^{m}\text{IMF}_2^i(n) = r_1(n) - \frac{1}{m}\sum_{i=1}^{m}r_2^i(n) \tag{5.10}$$

$$r_2(n) = r_1(n) - \overline{\text{IMF}_2(n)} = \frac{1}{m}\sum_{i=1}^{m}r_2^i(n) \tag{5.11}$$

步骤 3：与上述步骤类似可以求出最终的第 k 阶残差 $r_k(n)$：

$$r_{k-1}(n) + (-1)^q a_{k-1} E_{k-1}(v^i(n)) = \text{IMF}_k^i(n) + r_k^i(n), \quad i \in 1,2,\cdots,m; k \in 3,4,\cdots,K \tag{5.12}$$

$$\overline{\text{IMF}_k(n)} = \frac{1}{m}\sum_{i=1}^{m}\text{IMF}_k^i(n) = r_{k-1}(n) - \frac{1}{m}\sum_{i=1}^{m}r_k^i(n), \quad k \in 3,4,\cdots,K \tag{5.13}$$

$$r_k(n) = r_{k-1}(n) - \overline{\text{IMF}_k(n)} = \frac{1}{m}\sum_{i=1}^{m}r_k^i(n) \tag{5.14}$$

式中，$r_{k-1}(n)$、$r_k(n)$ 分别代表第 $k-1$ 与 k 阶最终的残差；a_{k-1} 为第 $k-1$ 阶高斯白噪声的幅值；$E_{k-1}(v^i(n))$ 为正、负成对高斯白噪声信号 $v^i(n)$ 第 $k-1$ 阶 EMD 的本征模态函数分量；$\text{IMF}_k^i(n)$ 为第 i 次试验第 k 阶本征模态函数分量；$\overline{\text{IMF}_k(n)}$ 为最终的第 k 阶本征模态函数分量。同样地，由式 (5.13) 和式 (5.14) 可知，正是由于求均值的过程中正、负成对高斯白噪声 $(-1)^q a_k E_k(v^i(n))$ 的相互抵消作用，分解后的 $\overline{\text{IMF}_k(n)}$ 噪声极大地减弱了。

步骤 4：重复步骤 3，直到不能进行 EMD 为止(即 $r_k(n)$ 的极值点小于 2)。假设算法停止后共得到 K 个 EMD 的本征模态函数分量，最终的剩余残差 $R(n)$ 可以由式 (5.15) 求得，经过 CEEMDAN 方法处理后，原始信号 $X(n)$ 可以由式 (5.16) 表示：

$$R(n) = X(n) - \sum_{k=1}^{K} \overline{\text{IMF}_k(n)} \tag{5.15}$$

$$X(n) = R(n) + \sum_{k=1}^{K} \overline{\text{IMF}_k(n)} \tag{5.16}$$

5.1.4　改进自适应白噪声总体平均经验模态分解

由于 CEEMDAN 方法在处理某些信号时存在固有模态会出现同一模态下的伪分量，以及分解的模态中可能依然含有残余噪声信号，为解决该问题，改进的 CEEMDAN 方法(ICEEMDAN)被提出。CEEMDAN 在第 1 阶模态求解时将高斯白噪声直接添加到了信号中，在第 2 阶以后添加的是经过 EMD 后的白噪声，这会导致每一阶求解中出现噪声的交叉干扰。ICEEMDAN 方法的基本原理为：

(1)第 1 阶模态求解时将一阶 EMD 得到的白噪声信号而非原始白噪声信号添加到原始信号中，同样地，其他阶模态求解添加的噪声是相应阶次 EMD 后的噪声。

(2)将原来求解模态函数均值修改为求解残差均值，而模态函数由分解信号减去残差均值得到。

(3)该改进方法的模态分解过程中，每一阶高斯白噪声的信噪比均可选择为 $\beta_k = \varepsilon_k \text{std}(r_k(n))$。

ICEEMDAN 方法通过上述原理克服了 CEEMDAN 方法的缺点，其具体步骤如下。

步骤 1：求解信号 $x^i(n) = X(n) + \beta_0 E_1(v^i(n))(i \in 1, 2, \cdots, m)$ 的第 1 阶残差值 $r_1(n)$ 及第 1 阶模态值 $\text{IMF}_1(n)$：

$$r_1(n) = \frac{1}{m} \sum_{i=1}^{m} R_e(x^i(n)) \tag{5.17}$$

$$\text{IMF}_1(n) = X(n) - r_1(n) = X(n) - \frac{1}{m} \sum_{i=1}^{m} R_e(x^i(n)) \tag{5.18}$$

式中，$R_e(\cdot)$ 为 EMD 后残差信号的运算；m 为试验总次数；$X(n)$ 为原始信号序列。信号表示式中的 β_0 为白噪声的信噪比。

步骤 2：将噪声 $\beta_1 E_2(v^i(n))$ 添加到第 1 阶残差 $r_1(n)$ 中，并按照步骤 1 所示的方法求解第 2 阶模态值 $\text{IMF}_2(n)$：

$$\text{IMF}_2(n) = r_1(n) - \frac{1}{m} \sum_{i=1}^{m} R_e(r_1(n) + \beta_1 E_2(v^i(n))) \tag{5.19}$$

步骤 3：求解第 k 阶残差 $r_k(n)$ 与模态值 $\mathrm{IMF}_k(n)$：

$$r_k(n) = \frac{1}{m}\sum_{i=1}^{m} R_e(r_{k-1}(n) + \beta_{k-1}E_k(v^i(n))), \quad k \in 3,4,\cdots,K \tag{5.20}$$

$$\mathrm{IMF}_k(n) = r_{k-1}(n) - r_k(n), \quad k \in 3,4,\cdots,K \tag{5.21}$$

步骤 4：重复步骤 3，计算下一阶模态，停止规则同 5.1.3 节步骤 4。

5.1.5　模态分解-Shannon 能量熵特征提取

在机械系统故障诊断中，运行状态的正常与否表现出不同的内在模式复杂度。正常情况下，设备的振动信号在各个频带的能量分布比较均匀，而能量分布的不确定性和复杂性也比较大。因此，在正常工作条件下，Shannon 能量熵较大，可以表示概率分布的均匀性。而在发生故障时，设备的能量将会集中于某固有频率，能量分布的不确定性和复杂性也较小，Shannon 能量熵也更小。为了构造 SVM 的训练集和测试集，可以选择容错性较强的 Shannon 能量熵作为特征向量。综合考虑 ICEEMDAN 等模态分解方法和 Shannon 能量熵的优点，本书采用 ICEEMDAN（或 EEMD 等其他模态分解方法）-Shannon 能量熵的方式来重构原始信号数据集[2]。具体而言，首先使用 ICEEMDAN 方法提取 n 个本征模态函数值，然后分别计算其 Shannon 能量熵：

$$H_j(x) = -\sum_{i=1}^{3} P_j(x_i)\lg P_j^2(x_i), \quad j = 1,2,3 \tag{5.22}$$

$$P_j(x_i) = \frac{\left|\mathrm{IMF}_j(i)\right|}{\sum_{j=1}^{3}\left|\mathrm{IMF}_j(i)\right|} \tag{5.23}$$

式中，$H_j(x)$ 为最终的 ICEEMDAN-Shannon 能量熵；$\mathrm{IMF}_j(i)$ 是经过 ICEEMDAN 方法模态分解后的值。

5.1.6　支持向量数据描述

支持向量数据描述（support vector data description, SVDD）是一种支持向量机分支，其思想是使用立体概念超球体来对训练集中的数据进行包裹，从而实现数据分类。超球体的大小不断优化，最大程度地包含所有目标数据，并以结构风险为目标、数据分类为目的。在超球体内部，以 a 为球心，R 为半径，球体内部数据为目标类，外部数据为非目标类。特征空间中 SVDD 算法的结构可见图 5.1。

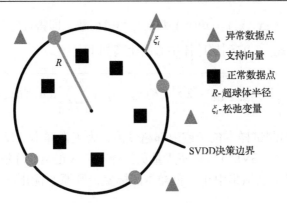

图 5.1　特征空间中 SVDD 算法结构图

SVDD 建模的过程如下：假设有一组正类训练数据 $x \in \mathbf{R}^{n \times d}$，其中 n 是样本个数，d 是特征维度。首先，通过非线性变换函数 $\Phi: x \to F$ 将数据从原始空间映射到特征空间。接着，SVDD 在特征空间内寻找一个体积最小的超球体，为了构造这样的最小超球体，需要解决一些优化问题：

$$\min_{a,R,\xi} R^2 + C \sum_{i=1}^{n} \xi_i \tag{5.24}$$

$$\text{s.t. } \left\| \Phi(x_i - a) \right\|^2 \leqslant R^2 + \xi_i, \quad \xi_i \geqslant 0; \forall i = 1, 2, \cdots, n$$

在 SVDD 中，R 和 a 的含义如前文所述，C 是用于权衡超球体体积和误差分率的惩罚参数。通过拉格朗日乘子法，可以得到原始问题的对偶形式：

$$\min_{a_i} \sum_{i=1}^{n} \sum_{j=1}^{n} a_i a_j K(x_i, x_j) - \sum_{i=1}^{n} a_i K(x_i, x_j) \tag{5.25}$$

$$\text{s.t. } 0 \leqslant a_i \leqslant C, \quad \sum_{i=1}^{n} a_i = 1$$

通过求解对偶问题可以得到每个样本 x_i 对应的拉格朗日系数 a_i，其中满足 $a_i \in (0, C)$ 的样本被称为支持向量。假设训练集中支持向量的集合为 SV，通过以下方式计算 SVDD 超球体的球心和半径：

$$a = \sum_{i=1}^{n} a_i \Phi(x_i) \tag{5.26}$$

$$\text{s.t. } R = \sqrt{K(x_v, x_v) - 2\sum_{i=1}^{n} a_i K(x_v, x_i) + \sum_{i=1}^{n} \sum_{j=1}^{n} a_i a_j K(x_i, x_j)}$$

式中，$x_v \in \text{SV}$；$K(x_i, x_j) = \langle \varPhi(x_i), \varPhi(x_j) \rangle$ 为核函数，即特征空间中的样本内积。

对于测试集 x_{test}，它到超球体中心的距离如下：

$$d = \sqrt{K(x_{\text{test}}, x_{\text{test}}) - 2\sum_{i=1}^{n} a_i K(x_{\text{test}}, x_i) + \sum_{i=1}^{n}\sum_{j=1}^{n} a_i a_j K(x_i, x_j)} \tag{5.27}$$

如果 $d \leqslant R$，说明测试样本位于或内部超球体，为正常样本；反之，则为异常样本。为了避免过拟合，SVDD 可以将少量负类样本加入正类训练集中。假设 $y_i = +1$ 和 $y_j = -1$ 分别表示训练集中正、负样本的标签，则原始优化问题的对偶形式会发生变化：

$$\begin{aligned} &\min_{a_i} \sum_{i=1}^{n}\sum_{j=1}^{n} y_i y_j a_i a_j K(x_i, x_j) - \sum_{i=1}^{n} y_i a_i K(x_i, x_j) \\ &\text{s.t.} \quad 0 \leqslant a_i \leqslant C_1, \quad y_i = +1 \\ &\qquad\;\; 0 \leqslant a_i \leqslant C_2, \quad y_i = -1 \\ &\qquad\;\; \sum_{i=1}^{n} a_i = 1 \end{aligned} \tag{5.28}$$

超球体的球心和半径的计算方法如下：

$$\begin{cases} a = \sum_{i=1}^{n} y_i a_i \varPhi(x_i) \\ R = \sqrt{K(x_v, x_v) - 2\sum_{i=1}^{n} y_i a_i K(x_v, x_i) + \sum_{i=1}^{n}\sum_{j=1}^{n} y_i y_j a_i a_j K(x_i, x_j)} \end{cases} \tag{5.29}$$

测试样本 x_{test} 到超球体球心的距离为

$$d = \sqrt{K(x_{\text{test}}, x_{\text{test}}) - 2\sum_{i=1}^{n} y_i a_i K(x_{\text{test}}, x_i) + \sum_{i=1}^{n}\sum_{j=1}^{n} y_i y_j a_i a_j K(x_i, x_j)} \tag{5.30}$$

5.1.7　小波去噪

小波分析是基于 Mallat 算法的一种降阶分解去噪方法。该方法的主要思想是将含噪信号分解为近似分量和细节分量。其中，近似分量代表信号的高尺度低频信息，而细节分量则代表信号的低尺度高频信息。通常情况下，含噪信号的能量主要集中在小波分解后的细节分量中，因此噪声信号往往存在于高频信息中。小波阈值去噪方法利用噪声信号的高频性，通过设置阈值来滤除噪声。该方法具有许多优势，如能够在最小均方误差的评价指标下达到最优、计算代价较小、实现简单等。此外，小波阈值去噪方法还能借助正交小波分解对时-频信号进行局部分解，并且在分解过程中，小波分量具有较大幅度且高频部分噪声信号相对均匀。小波阈值去噪方法通过设置适当的阈值，将大于阈值的小波系数保留，而对小于阈值的小波系数进行相应处理，然后还原出去噪后的信号。本节假定实际测量信号为

$$F(t) = s(t) + e(t) \tag{5.31}$$

式中，$s(t)$ 表示有用的高质量信号；$e(t)$ 为采集信号中的噪声部分。对公式两边同时做小波变换：

$$\mathrm{WF}_F(a,b) = \mathrm{WT}_s(a,b) + \mathrm{WT}_e(a,b) \tag{5.32}$$

其中，$\mathrm{WF}_F(a,b)$ 表示信号在 (a, b) 区间内做小波变换。

　　小波变换通过使各个尺度上的小波系数尽可能地减小，实现了信号的去噪处理，其中小波基的选择、硬软阈值函数的选取以及阈值的计算方式等都会影响小波变换阈值去噪的效果。在小波基的选择上，需要考虑支撑长度、对称性、消失矩、正则性、相似性等因素。常用的小波基及其特性详见表 5.1。

表 5.1　常用小波基及其特性

特性	小波函数							
	Haar	Daubechies	Biorthogonal	Coiflets	Symlets	Morlet	Mexican Hat	Meyer
形式	haar	dbN	1	coifN	symN	morl	mexh	meyr
举例	haar	db8	bior2.4	coif3	sym2	morl	mexh	meyr
正交性	有	有	无	有	有	无	无	有
双正交性	有	有	有	有	有	无	无	有
紧支撑性	有	有	有	有	有	无	无	无
连续变换	可	可	可	可	可	可	可	可
离散变换	可	可	可	可	可	不	不	可
支撑长度	1	2N–1	2	6N–1	2N–1	有限	有限	有限
滤波器长度	2	2N	3	6N	2N	[–4,4]	[–5,5]	[–8,8]
对称性	对称	近似对称	不对称	近似对称	近似对称	对称	对称	对称
小波函数消失矩阶数	1	N	Nr–1	2N	N	—	—	—
尺度函数消失矩阶数	—	—	2N–1	2N–1	—	—	—	—

　　Daubechies 小波(紧支集正交小波，dbN)因具有良好的特性，常被用于振动信号去噪。小波变换阈值去噪法根据阈值函数选择的不同，可以分为软阈值和硬阈值去噪。硬阈值处理函数为

$$\sigma_\lambda^{\mathrm{H}}(w) = \begin{cases} w, & |w| \gg \lambda \\ 0, & |w| < \lambda \end{cases} \tag{5.33}$$

软阈值处理函数为

$$\sigma_\lambda^{\mathrm{s}}(w) = \begin{cases} \mathrm{sgn}(w)(|w| - \lambda), & |w| \gg \lambda \\ 0, & |w| < \lambda \end{cases} \tag{5.34}$$

式中，w 为小波系数；λ 为选定的阈值。一般情况下，软阈值函数可以使振动信号被压缩，导致重构信号与原始信号的匹配程度较低。硬阈值函数的均方误差通常优于软阈值法，但会使原始信号失去平滑性。阈值λ的选择会直接影响去噪效果，通常使用通用阈值规则、无偏似然估计规则、最小极大方差阈值和启发式阈值规则等方式选择阈值。不同的阈值选择方式会产生不同的结果，但是最小极大方差阈值滤波法在处理振动信号时，可以最大程度地保留原始信号的特征。该方法的计算公式为

$$\lambda = \begin{cases} \sigma(0.3936 + 0.1829)\left(\dfrac{\ln N}{\ln 2}\right), & N \gg 32 \\ 0, & N < 32 \end{cases} \tag{5.35}$$

式中，N 为小波系数个数；σ 为噪声信号标准差，$\sigma = \mathrm{middle}(W_{l,k})/0.6745, 0 \leqslant k \leqslant 2^{j-1}-1$，$W_{l,k}$ 表示尺度为 1 的小波系数。

　　本节在对铲齿车刀振动数据集进行小波阈值去噪时，采用了 db8 小波基函数，将信号进行分解为 3 层的正交小波变换。为了应对采集的铲齿车刀原始数据在 X、Y、Z 轴上振动幅度不同的情况，分别设置了三个轴上的小波去噪阈值为 0.2、0.45 和 0.2。具体操作步骤如下：首先，对第 1 层到第 3 层的每一层高频系数采用硬阈值函数进行处理，并保留低频系数；然后，根据第 1 层到第 3 层的高频系数以及保留的第 3 层的低频系数进行信号重构，从而获得去噪信号；最后，以铲齿车刀剧烈磨损阶段为例，展示小波滤噪过程的结果。图 5.2～图 5.4 展示了原始数据以及经过小波去噪后的信号[3]。

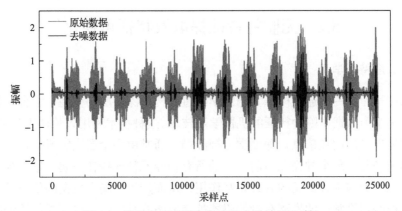

图 5.2　铲齿车刀剧烈磨损阶段去噪效果(X 轴)

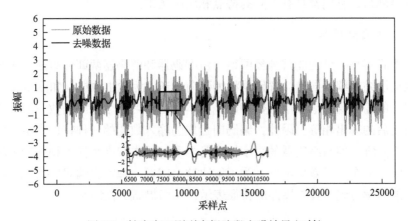

图 5.3　铲齿车刀剧烈磨损阶段去噪效果(Y 轴)

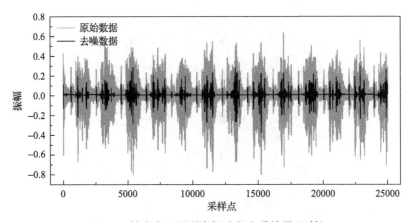

图 5.4　铲齿车刀剧烈磨损阶段去噪效果(Z 轴)

5.2 无监督特征提取及特征可视化

5.2.1 深度特征学习

深度学习是一种通过模拟大脑的学习过程构建深层次的模型，结合海量的训练数据来学习数据中隐含特征的机器学习技术。这种技术利用大数据来学习特征，刻画数据丰富的内在信息。深度学习神经网络通常由多个层次组成，每一层都包含许多神经元，每个神经元与前一层的所有神经元都连接在一起。这些神经元以一种类似于大脑中神经元的方式相互作用，从而产生对输入数据的处理结果。深度学习神经网络常用的模型有自编码器神经网络及其变体、深度置信神经网络和卷积神经网络，它们都具有不同的特点和应用场景。

1. 基本自编码器

自编码器是一种无监督神经网络，由编码器和解码器两部分组成。编码器将输入数据压缩为编码向量，解码器将编码向量还原为输出数据，如图 5.5 所示。自编码器的输入层和输出层维数相同，其本质是学习一个相等函数，即网络的输入和重构后的输出相等。因此，编码向量成为输入数据的一种特征表示，实现非线性特征降维。但编码器的表示缺点是当测试样本和训练样本相差较大时，即不符合同一分布时，效果不好。为了解决这个问题，降噪自编码器引入了噪声，使网络能够学习到更具鲁棒性的特征表示，从而提高泛化性能。

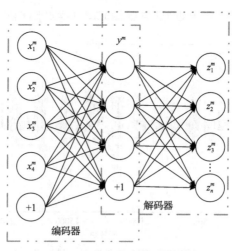

图 5.5　基本自编码器模型

2. 层叠降噪自编码器

层叠降噪自编码器是由多个降噪自编码器叠加而成的神经网络。层叠降噪自编码器是一个三层的无监督神经网络，包括编码器和解码器两部分，它可以将高维空间的输入数据转换为低维空间的编码向量，再通过解码器将低维空间的编码向量重构回原始输入数据。由于在输出层可以对输入信号进行重构，编码向量因此成为输入数据的一种特征表示。降噪自编码器(denoising autoencoder, DAE)的结构如图 5.6 所示，编码器将含有一定统计特性的噪声加入样本数据，然后对样本进行编码；解码器根据受到噪声干扰的数据，估计出未受噪声干扰样本的原始形式，从而使 DAE 从含噪样本中学习到更具鲁棒性的特征，降低 DAE 对微小随机扰动的敏感性。DAE 的原理类似于人体的感官系统，如人眼看物体时，即使某一小部分被遮住，仍然可以辨识出该物体。因此，降噪自编码器通过添加噪声进行编码重构，可以有效减少机械工况变化和环境噪声等随机因素对提取的健康状况信息的影响，提高特征表达的鲁棒性。

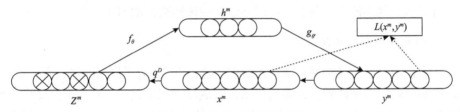

图 5.6　降噪自编码器原理图

假设降噪自编码器的输入层为 $\{x^1,\cdots,x^m,\cdots,x^M\}$，$m$ 表示第 m 个样本，总计 M 个训练样本。输出层为 $\{z^1,\cdots,z^m,\cdots,z^M\}$。网络结构的损失函数为

$$L(x^m, z^m) = \frac{1}{M}\sum_{m=1}^{M}\left\|x^m - z^m\right\|^2 \tag{5.36}$$

在编码器中，输入信号为前一个自编码结构的编码层值(第一层网络结构的输入层为原始输入信号)，其表达式为

$$y^m = f_\theta(\hat{x}^m) = s_f(w\hat{x}^m + b) \tag{5.37}$$

式中，$\hat{x}^m$ 为 x^m 添加噪声后的输入信号；s_f 为编码器的响应函数；θ 为编码器的参数集合，且 $\theta = \{W, b\}$，w 和 b 分别为编码器的连接权重和偏置参数。

在解码器中，通过解码函数 $g_{\theta'}$ 将编码向量 h^m 反向变成 x^m 的一种重构表示 $\hat{x}^m$：

$$\hat{x}^m = g_{\theta'}(h^m) = s_g(w'h^m + d) \tag{5.38}$$

式中，s_g 为解码器的激活函数；θ' 为解码器的参数集合，且 $\theta' = \{w', d\}$；w' 和 d 分别为解码器的连接权重与偏置参数。降噪自编码器是一种无监督学习算法，用于从输入数据中提取有用的特征。它包括一个编码器和一个解码器，通过最小化输入和输出之间的重构误差来学习压缩表示。为了防止过拟合并提高特征的聚类能力和判别能力，在降噪自编码器的损失函数中添加稀疏性惩罚项，得到稀疏降噪自编码器的损失函数如下：

$$L(\hat{x}^m, x^m) = \frac{1}{M}\sum_{m=1}^{M}\left\|\hat{x}^m + x^m\right\|^2 + \frac{\lambda}{2}\sum_{i=1}^{s}\sum_{j=1}^{s+1}\left(W_{ji}^{(l)}\right)^2 \tag{5.39}$$

它包含一个惩罚因子 λ，用于控制网络的稀疏程度。这种网络具有天然的聚类性质，可以最大限度地利用数据信息并去除冗余信息，从而表达原始数据的本质特征。由于加入了稀疏性惩罚项，稀疏自编码器能够充分发挥数据所含有的信息，并具有很强的判别能力，能够在高层网络层中表达数据的本质特征。

3. 堆叠降噪自编码器

降噪自编码器的浅层网络结构函数表达能力有限，为了提高网络的表达能力，可以将多个降噪自编码器依次堆叠起来，形成深度网络结构，称为堆叠降噪自编码器（stacked denoising autoencoder, SDAE），如图 5.7 所示。SDAE 通过逐层贪婪

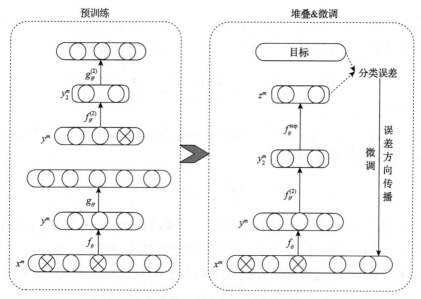

图 5.7　堆叠降噪自编码器预训练与微调示意图

训练得到自适应无监督提取的特征。但是，逐层最优并不能确保整体最优。为了确保整体最优，需要使用带有标签的样本数据进行监督式训练，采用 BPNN 算法进行微调。可以对每一层预先分别进行训练，以避免传统深度结构容易陷入局部极小值的问题。相比传统的神经网络随机初始化权重，深度学习网络的初始参数是通过无监督学习得到的，更接近全局最优值。

5.2.2　迁移特征学习

本节以 VGG16 深度学习框架为例介绍迁移学习的实现过程。

1. 卷积神经网络

卷积神经网络(CNN)是深度学习领域最具代表性的算法之一，因在特征提取方面的卓越表现而被广泛应用于各个领域的图像分类中。CNN 是一种前馈神经网络，包含卷积计算且具有深度结构，通过构建多个用于特征提取的滤波器对输入数据进行逐层卷积、池化操作，以提取蕴含在数据中的鲁棒特征。一般而言，典型的 CNN 包含输入层、输出层、卷积层、池化层以及全连接层。通过多次叠加卷积层和池化层，CNN 逐层提取特征以提高网络性能，接近输出层的部分则是一般的多层神经网络。卷积层利用卷积核进行卷积操作，对输入样本的局部加权求和，从而提取输入的特征，该部分的建模过程可描述为

$$y_j^{n+1}(i) = \sigma\left(K_j^n * x^n(i) + b_j^n\right) \tag{5.40}$$

式中，K_j^n 代表第 n 层的第 j 个卷积核的权重；b_j^n 代表第 n 层的第 j 个卷积核的偏置量；$\sigma(\cdot)$ 代表激活函数；$*$ 代表卷积内核运算符号；$x^n(i)$ 代表第 n 层的第 i 个神经元；$y_j^{n+1}(i)$ 为卷积核 K_j^n 在输入神经元 $x^n(i)$ 上获得的特征值。另外，ReLU 函数常常被用作激活函数 $\sigma(\cdot)$，以减轻神经网络的过度拟合现象，ReLU 函数表示为

$$z_j^{n+1}(i) = \sigma\left(y_j^{n+1}(i)\right) = \max\left\{0, y_j^{n+1}(i)\right\} \tag{5.41}$$

其中，$z_j^{n+1}(i)$ 为 $y_j^{n+1}(i)$ 经过激活函数获得的激活值。

CNN 的池化层旨在从上一层的特征映射中提取最重要的局部信息，以实现特征降维并减少网络的复杂度和学习量。最大池化是一种常用的池化方式，通过将输入的特征映射分割成不重叠的矩形区域，并在每个区域中选取最大值来进行缩放映射。需要注意的是，池化层的输入必须是由卷积层生成的特征映射组成的，且特征映射之间存在某种空间关系：

$$p_j^{n+1}(i) = \max_{(i-1)N+1 \leqslant t \leqslant iN}\left\{z_j^n(t)\right\}, \quad t \in [(i-1)N+1, iN] \tag{5.42}$$

式中，$p_j^{n+1}(i)$ 为第 $n+1$ 层第 i 个神经元对应的池化值的大小；N 为池化层的长度；$z_j^n(t)$ 为第 n 层第 j 个特征向量中的第 t 个神经元的值。

CNN 的全连接层通常与 Softmax 激活函数结合使用以完成分类建模。首先，第一个全连接层将多维数据压缩为一维数组，然后使用式(5.43)计算该一维数组在每个神经元上的输出：

$$a_i^{n+1} = \sum_j W_{ji}^n a_i^n + b_i^n \tag{5.43}$$

式中，a_i^{n+1} 为第 $n+1$ 层第 i 个神经元的输出；W_{ji}^n 为第 $n+1$ 层第 i 个神经元与第 n 层第 j 个神经元之间的权重；b_i^n 为第 n 层所有神经元以及第 $n+1$ 层第 i 个神经元的偏置量。最后，CNN 通过 Softmax 函数输出终值，该过程的机理如式(5.44)所示：

$$o = \begin{bmatrix} \exp(W_1 a + b_1) \\ \exp(W_2 a + b_2) \\ \vdots \\ \exp(W_m a + b_m) \end{bmatrix} \left[\sum_{j=1}^m \exp(W_j a + b_j) \right]^{-1} \tag{5.44}$$

式中，o 为在 m 分类下的结果矩阵；W_m 为第 j 个神经元的权重；b_j 为第 j 个神经元的偏置值。

2. VGG16 卷积神经网络框架

VGG16 网络由 13 个卷积层、5 个池化层、3 个全连接层和 1 个 Softmax 输出层组成，输入层图片像素为 224×224×3，每个卷积核大小均为 3×3×3 且移动步长为 1，池化层全部采用 2×2 最大池化方式。三个全连接层的每层神经元个数分别为 4096、4096 和 1000。图 5.8 展示了 VGG16 网络的框架结构。

3. 深度迁移学习的基本原理及实现方案

VGG16 等深度学习网络框架的优势在于无须人工设计特征，但前提是需要大量历史数据，并且训练数据和测试数据需要满足独立同分布的条件。因此，这些框架在数据有限、场景变化或任务变化等学习领域并不适用。为了解决这些问题，基于深度学习技术的深度迁移学习技术应运而生。深度迁移学习技术将深度学习

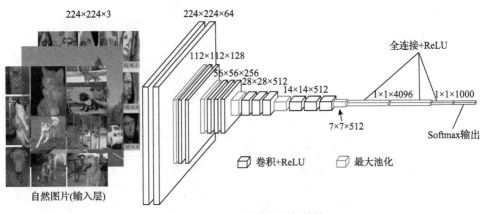

图 5.8　VGG16 网络的框架结构

技术应用于迁移学习中，可以从源域场景中提取相关知识以帮助提升目标域场景的可学习性能。深度迁移学习技术是一种新兴方式，它可以减少对数据量的要求，同时对独立同分布的前提假设不严格。因此，该技术能够很好地弥补因数据量有限和训练时间过长而导致的一系列问题。

深度迁移学习的建模过程如下：首先，假定 $D_S = \{X_S, Y_S\}$、$D_t = \{X_t, Y_t\}$ 分别代表源域与目标域，其中，X_S、X_t 分别代表源域与目标域的样本，Y_S、Y_t 分别代表源域与目标域的样本真实标签。然后，假定 L_S、L_t 分别为源域与目标域的实际输出，且满足下式：

$$L_S = f_S(X_S, \theta_S); \quad L_t = f_t(X_t, \theta_t) \tag{5.45}$$

式中，f_S、f_t 分别代表 $X_S \sim L_S$ 的映射关系和 $X_t \sim L_t$ 的映射关系；θ_S、θ_t 分别代表深度框架中源任务和目标任务网络参数。尽管，D_S 与 D_t 的分布和特征空间可能不同，它们仍然相似。即深度迁移学习的主要目的是通过利用源域和目标域之间的相似性来提高目标域的神经网络模型性能。

具体而言，实现深度迁移学习一般采用以下三种方案：①迁移学习方式，即冻结预训练模型的卷积层，只训练全连接层；②提取特征向量方式，即计算预训练模型卷积层对训练数据和测试数据的特征向量，然后仅训练全连接网络；③微调方式，即首先冻结预训练模型的靠近输入的部分卷积层，然后训练余下的靠近输出的卷积层及全连接层。

图 5.9 显示了 VGG16 迁移特征提取过程。

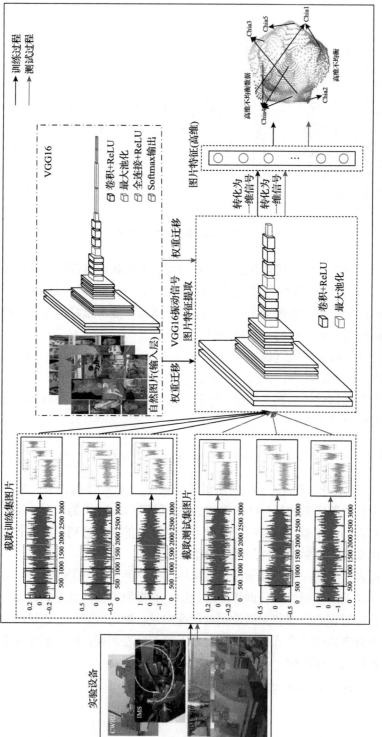

图5.9 VGG16迁移特征提取过程

5.3　特征降维处理

高维数据有着稀疏样本和难以计算距离的问题，即所谓的"维数灾难(curse of dimensionality)"。为了解决这个问题，可以采用降维(dimension reduction)的方法，通过某种数学变换将原始高维属性空间转化为一个低维的"子空间(subspace)"，在这个子空间中，样本密度大幅提高，计算也变得更为容易。常用的数据降维方法包括：主成分分析方法(principal component analysis, PCA)、多维尺度缩放法(multiple dimensional scaling, MDS)、等距映射降维法(isometric mapping, ISOMAP)、t-分布邻域嵌入法(t-distribution stochastic neighborhood embedding, t-SNE)、自编码降维法(auto-encoder)等。

本节将以主成分分析(PCA)为例进行论述。PCA 可以在降维的同时对信号进行特征提取，尤其对于振动信号，意义非常重大。PCA 的基本思想是：对于一系列由多维向量组成的特征，某些元素本身没有区分性，如果用这些没有区分性的元素作为特征，那么它们的贡献会非常小，因此需要寻找那些变化大的元素(方差大的那些维)，而去除掉那些变化不大的维。这样不仅可以降低数据维度，减少计算量，而且可以尽可能地保留具有高质量特征的数据[4]。该方法的具体的步骤如下。

步骤 1：将原始数据矩阵 X 组成 n 行 m 列。

步骤 2：将 X 的每一行(代表一个特征数据)进行零均值化，即减去这一行的均值。

步骤 3：求协方差矩阵 $C = \dfrac{1}{n} XX^{\mathrm{T}}$。

步骤 4：求出协方差矩阵的特征值及对应的特征向量 u。

步骤 5：将特征向量按特征值大小从上到下按行排列成矩阵 U，取前 k 行组成矩阵 P。

步骤 6：$Y = PX$ 即为降维到 k 维后的数据，通常 k 值需要相关人员根据经验进行设置。

本节使用 PCA 对采集到的铲齿车刀工作状态下的 X、Y、Z 轴数据进行特征提取。相对于 EEMD 和自编码器，PCA 在提取特征的同时可以降低数据维度，从而降低了后续机器学习模型的计算复杂度。此外，PCA 的实现过程相对简单。在进行 PCA 特征提取时，本章选取经过去噪处理后的数据。为了观察原始去噪数据的样本分布，本章将去噪后数据以 X、Y、Z 轴的振动数据作为样本分布空间的三维坐标，并绘制出其样本分布情况(见图 5.10)。为了获取去噪后数据经过 PCA 特征提取后的样本三维空间分布情况，对样本的三个组分进行了归一化处理，绘制出其三维空间内的样本分布（见图 5.11），相关描述详见 6.1 节。

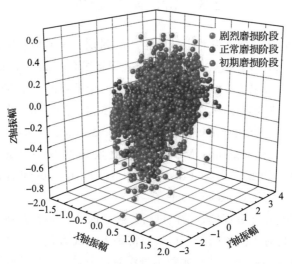

图 5.10　原始样本三维空间分布

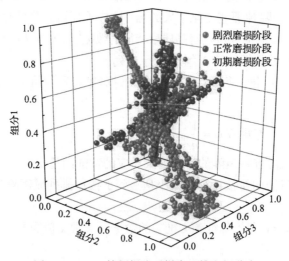

图 5.11　PCA 特征提取后样本三维空间分布

5.4　特征数据均衡与增强处理

　　一般而言，机械系统关键零部件的历史运维数据是不均衡的，也就是说故障数据量远远小于正常数据量。因此，为了获得更加优异的效果，在进行故障监测与状态预测时需要对训练数据进行数据均衡及数据增强。

5.4.1　重采样技术

重采样技术是用于平衡数据集的一种简单而有效的方法。通过对数据样本进行预处理，达到平衡数据集的目的。已经有很多研究人员提出了重采样技术，其中最常用的是过采样和欠采样。过采样通过一定的规则增加少数类样本来达到平衡数据集，而欠采样则通过一定的规则减少多数类样本来达到平衡数据集。随机过采样(random over-sampling, RAS)算法通过随机选取少数类的样本进行复制来实现数据集的平衡，但可能会导致过拟合。随机欠采样(random under-sampling, RAMU)算法通过随机删除多数类样本以平衡数据集，但可能会删除重要信息的样本。针对 RAMU 算法的缺点，陶新民等[5]提出了基于样本特性的欠采样方式(简称 SPU 算法)，该算法通过多数类样本信息量进行排序，删除信息量小的点以平衡数据集，取得了较好的分类效果。针对随机过采样的缺点，Chawla 等[6]提出了合成少数类过采样技术(synthetic minority over-sampling technique, SMOTE)，通过插值方式合成新样本来避免过拟合，但可能导致样本混叠和对噪声点敏感。Han 等[7]提出了改进的 SMOTE，即 borderline SMOTE 算法(简称 BSMOTE)，该算法通过找到正类样本边界点解决了 SMOTE 合成新样本时的盲目性，但需要进一步研究其邻域数 k 的合理确定。He 等[8]提出的自适应合成采样(adaptive synthetic sampling, ADASYN)算法通过数据集样本的分布密度和合成难度来控制少数类样本合成，而带多数类加权少数类过采样技术(majority weighted minority oversampling technique, MWMOTE)则考虑将难以学习含有少量信息量的少数类样本识别出来，并赋予不同的权重，利用聚类合成新样本。在数据集含有噪声或层叠区域时，需要进行数据清洗，Barua 等[9]提出的过采样方式将 SMOTE 和 Tomek 数据清洗方式相结合来避免噪声和混叠区域的干扰。魏建安[10]提出了基于不平衡数据样本特性的新型过采样算法，通过对原始数据集进行距离带的划分，在每个距离带的少数类样本中利用一种改进的基于样本特性的自适应变邻域 SMOTE 算法进行新样本的合成，获得了较大的分类效果改善。除了上述重采样技术外，在不平衡数据预处理时也可以用聚类结合采样的算法，如 K-means SMOTE 和 A-SUWO 等，其分类效果也有一定的改善。可以将重采样技术融入集成学习中，如基于 Boost 的过采样技术(SMOTEBoost)、基于 Bagging 的过采样技术(over-Bagging)以及基于 Bagging 的欠采样技术(under-Bagging)等。黄海松等[11]针对传统支持向量机(SVM)算法在滚动轴承故障诊断领域中，对失衡数据集效果不佳、对噪声敏感以及对本身参数依赖较大等缺点，提出一种基于样本特性的过采样算法(oversampling algorithm based on sample characteristics, OABSC)。图 5.12 展示了过采样算法均衡诊断数据集的过程[11]。

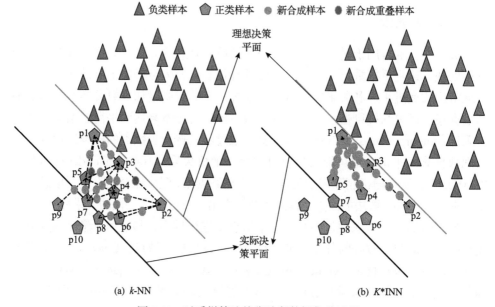

图 5.12　过采样算法均衡诊断数据集的过程

5.4.2　数据增强

采样算法也可以作数据增强(扩充)用途,故本节阐述如何利用采样算法进行数据增强,图 5.13 展示了以某采样算法为例的 C1 刀具数据的增强过程。很明显,本节将经典的时间序列回归问题转化为了 n 个 2 分类问题(n 为回归问题的初始标签数,如 PHM 2010 铣刀磨损值预测问题有 315 个标签)。具体而言,通过某采样算法自带的"One-vs-All"策略,将每一个回归标签均分别视为少数类(即待增强数据),而其他类视为多数类,进行重采样,如图 5.13 所示,这样一个具有十分有限数据的"回归问题 1",将转化为数据相对丰富的"回归问题 2",即达到数据增强目的。

5.5　本 章 小 结

特征提取和状态识别是装备智能运维的核心任务,它们对于提高装备的可靠性和降低运维成本具有重要意义。传统的特征提取方法往往需要人为设计特征提取算法,而且对于不同的装备,需要采用不同的特征提取算法。无监督特征提取方法可以自动学习装备的特征表示,具有更强的适应性和泛化能力。在特征提取之后,进行状态识别的过程中,数据均衡和增强处理也非常重要。因为实际采集

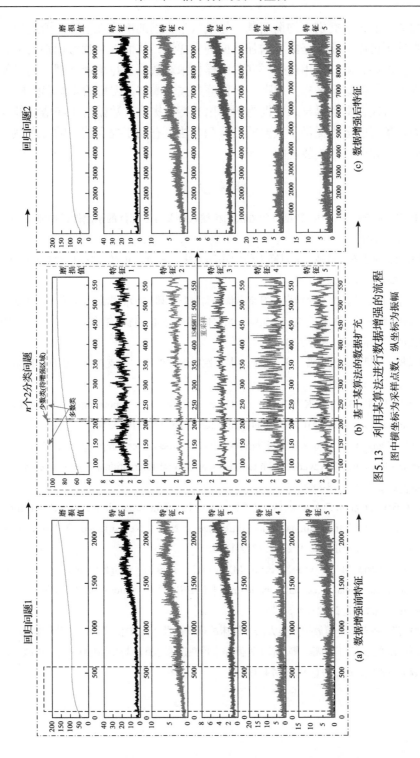

图5.13　利用某算法进行数据增强的流程

图中横坐标为采样点点数，纵坐标为振幅

到的数据可能存在类别不均衡问题，导致状态识别的准确性下降。通过数据均衡和增强处理可以扩充数据集，增强数据的多样性，从而提高状态识别的准确率和稳定性。例如，可以采用过采样和欠采样技术对数据进行均衡处理，同时使用数据增强方法如数据重采样、加噪、平移等方式，增加数据集的规模和多样性。

　　综上所述，本章以自采数据为例讨论的特征提取、数据均衡和增强处理等技术，为装备智能运维提供了重要的工具和方法，有助于提高装备的可靠性、降低运维成本，并促进智能装备的发展。

参 考 文 献

[1] 魏建安. 基于复杂不均衡数据分类方法的机械系统关键零部件的预测性维护研究[D]. 贵阳: 贵州大学, 2021.

[2] 黄海松, 魏建安, 马驰. 铣刀磨损值的预测方法、装置、电子装置和存储介质[P]: 中国 CN113084237B, 2022-07-29.

[3] 朱云伟. 基于机器学习的铲齿车刀磨损状态监测技术研究[D]. 贵阳: 贵州大学, 2022.

[4] 朱云伟, 黄海松, 魏建安. 基于 GA-LightGBM 的刀具磨损状态在线识别[J]. 组合机床与自动化加工技术, 2021, (10): 83-87.

[5] 陶新民, 郝思媛, 张冬雪, 等. 基于样本特性欠取样的不均衡支持向量机[J]. 控制与决策, 2013, 28(7): 978-984.

[6] Chawla N V, Bowyer K W, Hall L O, et al. SMOTE: Syntheticminority over-sampling technique[J]. Journal of Artificial Intelligence Research, 2002, 16: 321-357.

[7] Han H, Wang W Y, Mao B H. Borderline-SMOTE: A new over-sampling method in imbalanced data sets learning[C]. Advances in Intelligent Computing: International Conference on Intelligent Computing, 2005: 878-887.

[8] He H, Bai Y, Garcia E A, et al. ADASYN: Adaptive syntheticsampling approach for imbalanced learning[C]. IEEE International Joint Conference on Neural Networks (IEEE Worldcongress on Computational Intelligence), 2008: 1322-1328.

[9] Barua S, Islam M M, Yao X, et al. MWMOTE—majority weighted minority oversampling technique for imbalanced data set learning[J]. IEEE Transactions on Knowledge and Data Engineering, 2012, 26(2): 405-425.

[10] 魏建安. 基于不平衡数据分类方法的机床故障诊断及应用[D]. 贵阳: 贵州大学, 2018.

[11] 黄海松, 魏建安, 任竹鹏, 等. 基于失衡样本特性过采样算法与SVM 的滚动轴承故障诊断[J]. 振动与冲击, 2020, 39(10): 65-74, 132.

第6章 典型零部件智能故障诊断与监测

刀具、轴承、齿轮等典型机械零部件的智能故障诊断与监测是涉及多个学科和多种技术的复杂过程。目前，基于数据驱动的机械零部件智能故障诊断技术的主流和成熟方法是利用设备当前状态信息，通过基于人工智能的机器学习浅层模型和深度学习模型对故障样本进行学习，从而实现对机械典型零部件的智能故障诊断和监测。该方法可以有效降低企业的人工和管理成本，因此备受许多相关领域的从业者和研究者追捧。本章重点介绍基于机器学习、深度学习和迁移学习的典型零部件智能故障诊断与监测，并提供针对刀具、轴承和齿轮的故障诊断与监测案例，希望能为相关领域的从业者和研究者提供参考依据。

6.1 基于机器学习的典型零部件智能故障诊断与监测

采用基于机器学习的数据驱动方法进行刀具、轴承和齿轮的故障诊断与监测是一个涉及多种技术的复杂过程。该过程主要包括对设备运行状态信号进行特征选取、对获得的故障样本和非故障样本进行特征均衡、选择合适的机器学习分类器以及对分类器超参数进行优化等步骤。

6.1.1 基于机器学习的刀具智能故障诊断与监测

切削加工是指使用特定的工艺要求和刀具在各种机床上对毛坯件进行加工的过程，以获得符合工艺要求的产品形状、尺寸和表面质量等。在切削加工过程中，由于切削载荷等复杂因素的作用，刀具会逐渐磨损甚至损坏，而刀具失效所引发的事故会严重影响车削加工的工作效率，造成经济损失。因此，实时监测刀具的磨损状态显得尤为重要。在众多刀具磨损状态识别的研究中，机器学习算法被广泛认为是一种有效的预测方法。基于机器学习的智能刀具故障诊断与监测技术主要包括三个阶段：刀具状态信息采集、处理和识别。其中，刀具状态信息采集部分已经在本书第4章详细介绍，因此本章将重点讨论刀具状态信息的处理和识别。

1. 人工特征选取及分析

利用传感器收集刀具磨损状态信号，包含设备噪声、机床运行状态等与刀具磨损状态无关的信息。为提高机器学习模型对刀具三种磨损状态（初期、正常、剧烈磨损)的识别精度,需要对去噪后的传感器信号(详见第 5 章)进行特征提取。采用 PCA 和 ICEEMDAN-Shannon 能量熵方法,对公共铣刀数据集(记为 PHM2010)、自建车刀数据集(记为 TTWD)以及铲齿车刀磨损数据集(记为 STTT)进行人工特征提取。利用 PHM2010 数据集构造 6 种有限不均衡铣刀磨损数据集,如表 6.1 所示。根据振动信号的特征,选取 PHM2010 数据集中 C1 部分第 200 次循环的振动信号作为刀具正常磨损阶段的数据(Medium 或 Normal);第 20 次循环中的振动信号作为刀具初期磨损阶段的数据(Slight);第 300 次循环中的振动信号作为刀具剧烈磨损阶段的数据(Severe),具体详见图 6.1。

表 6.1 铣刀磨损试验数据(PHM2010 C1)

试验参数	数据名称					
	Medium/Slight	Medium/Severe	Medium/Slight	Medium/Severe	Medium/Slight	Medium/Severe
不均衡比	(300/30) 10/1	(300/30) 10/1	(300/20) 15/1	(300/20) 15/1	(300/10) 30/1	(300/10) 30/1
K 值	2	5	2	5	3	5
少数类样本噪声率/%	16.67	20.00	35.00	35.00	30.00	50.00

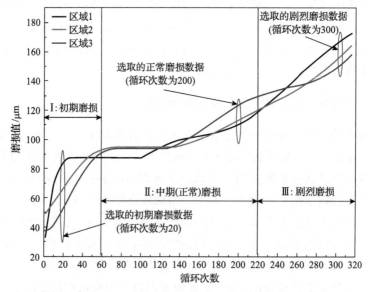

图 6.1 PHM2010 数据集中 C1 部分数据的刀具磨损曲线

使用 ICEEMDAN-Shannon 能量熵方法对构建的试验数据进行特征提取,提取前 5 个 IMF,如图 6.2 所示。

观察可得,经过分解后的特征呈现出较大的差异性。为了更深入地观察经过

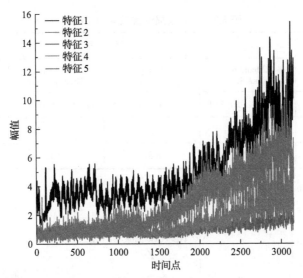

图 6.2　采用 ICEEMDAN-Shannon 能量熵方法提取刀具特征

特征提取后的样本分布状态，对 Normal/Slight (300/30) 和 Normal/Severe (300/30) 两种数据集进行了可视化处理，结果如图 6.3 所示。

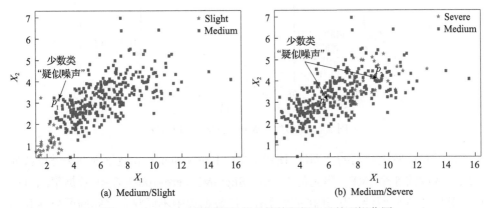

图 6.3　PHM2010 数据集经能量熵特征提取后的可视化图

很明显，使用 ICEEMDAN-Shannon 能量熵方法提取试验数据集的特征后，不同刀具磨损状态的数据展现了较好的可分性，由此表明该方法是有效的。同样地，针对自建车刀数据集 TTWD，构建四种有限不均衡的车刀磨损状态数据，具体情况如表 6.2 所示。在预先试验及图 6.4 的分析基础上，选择第 71～100 次循环中的振动信号作为刀具正常磨损阶段的数据 (Normal 或 Medium)，选择第 1～14 次循环中的振动信号作为刀具初期磨损阶段的数据 (Slight)，同时选择第 181～194 次循环中的振动信号作为刀具剧烈磨损阶段的数据 (Severe)。

表 6.2　车刀磨损试验数据（TTWD）

试验参数	数据名称			
	Medium/ Slight&Severe	Medium/ Slight&Severe	Medium/ Slight&Severe	Medium/ Slight&Severe
不均衡比	(200/10&20) 6.67/1	(200/20&40) 3.33/1	(200/20&10) 6.67/1	(200/40&20) 3.33/1
K 值	2	2	2	2
少数类样本噪声率/%	10.00	6.67	13.33	6.67

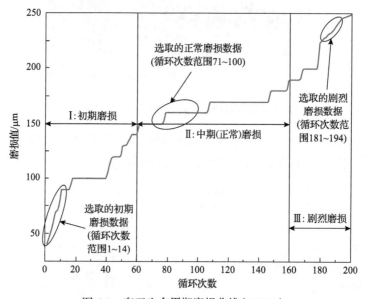

图 6.4　车刀生命周期磨损曲线（TTWD）

　　为了验证所选数据的合理性，使用 ICEEMDAN-Shannon 能量熵方法进行特征提取，选取前 5 个 IMF，得到的 Normal/Slight&Severe（200/20&10）数据集的可视化情况如图 6.5 所示。从图中可以看出，该数据集中不同状态之间的可分性并不十分明显，同时存在"疑似噪声"的情况。分析原因，由于试验场地限制，采集车刀数据集时，工程中心的其他机床仍在工作，导致采集的数据质量不佳。

　　对铲齿车刀数据集 STTT 采用 PCA 进行特征提取。由于相关技术的具体原理已在本书第 5 章进行了详细的说明，不再赘述。图 4.14 和图 4.15 展示了试验采集的铲齿车刀的全生命周期磨损曲线。

　　由两图可以看出，铲齿车刀在初期磨损阶段、正常磨损阶段和剧烈磨损阶段所持续的时间是不同的，即铲齿车刀磨损数据存在类别不均衡性，即初期磨损阶段持续时间最短，该类别数据量最少；正常磨损阶段持续时间最长，该类别数据量最多。为了使采集的铲齿车刀三种类别数据的分布情况更符合实际加工工况，构建不均衡数据集 Data1_train，如表 6.3 所示。

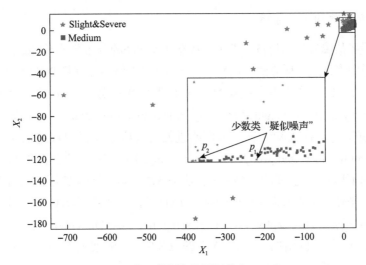

图 6.5　车刀数据集的可视化（TTWD）

表 6.3　Data1_train 数据集情况

训练数据	初期磨损	正常磨损	剧烈磨损
选取的走刀数	第 15 刀	第 130 刀	第 270 刀
月牙洼宽度 KB	50μm	220μm	360μm
后刀面磨损 VB	75μm	140μm	240μm
样本数量	50	500	50
样本标签	0	1	2

在构建的数据集中，选取的是铲齿车刀第 15、130 和 270 次走刀数据，分别对应铲齿车刀的初期、正常和剧烈磨损阶段，其中各阶段的样本量分别为 50、500 和 50，三种磨损状态的标签以 0、1、2 表示。在构建的不均衡比例为 1∶10∶1 的不均衡数据集 Data1_train 中选取经过去噪处理后的数据进行 PCA 特征提取。为了从三维空间中观察原始去噪数据的样本分布，将去噪后数据以 X、Y、Z 轴的振动数据作为样本分布空间的三维坐标，如图 5.10 所示。对样本的三个组分进行归一化处理，并绘制去噪后数据经过 PCA 特征提取后的样本在三维空间内的分布情况，如图 5.11 所示。

通过对比图 5.10 和图 5.11 所示的样本三维空间分布，可以发现三种磨损状态的样本在三维空间中呈现无序的状态，即三种磨损状态的样本特征不明显。然而，经过 PCA 特征提取后，铲齿车刀的三种磨损状态样本在三维空间中表现出明显的分离特征，加强了三种磨损状态的特征。这有助于机器学习模型对样本特征的学习，提高分类模型的识别精度。

2. 特征数据均衡及分析

机械设备故障样本与设备正常运行状态样本之间的分布严重不均衡，为了解决这一问题，采用多种过采样方法来均衡数据样本。针对铣刀数据集 PHM2010 和自建车刀数据集 TTWD，采用提高抗噪性的多数类加权少数类过采样技术 (improving noise-immunity majority weighted minority oversampling technique，NI-MWMOTE)[1,2] 对样本数据进行均衡去噪处理，采用改进的自适应半监督加权过采样 (improving adaptive semi-unsupervised weighted oversampling, IA-SUWO)[3] 方法来处理故障样本的类内类间不均衡问题，采用 SCOTE 算法来解决刀具数据的多类不均衡问题，即初期—正常与剧烈—正常磨损阶段的问题。针对铲齿车刀数据集 STTT，采用再生适应性合成采样 (regenerate-adaptive synthetic sampling, Re-ADASYN) 方法来均衡样本数据。为了验证本书提出的 NI-MWMOTE LS-SVM 框架的有效性，将它与基于 No-sampling、ROS、SMOTE、BSMOTE、ADASYN、Cluster-SMOTE、A-SUWO 以及 MWMOTE 算法的 9 种监测框架进行比较。其中，试验假定在无噪声处理经验的前提下进行，即 KNN 法无法知晓最优参数，以凸显噪声处理的重要性。考虑到 TTWD 数据集的噪声率较低，选取 Normal/Slight&Severe(100/100&100) 作为测试集；而由于 PHM2010 的噪声率较高，分别选取 Medium/Slight(100/100)、Medium/Severe(150/150) 作为测试集。为了使每种算法获得最优结果，利用 3-Bayesian 对 LS-SVM 的超参数(γ 和 σ)进行寻优。本书使用敏感度(sensitivity)、G 均值(G-mean)、F 值 (F-measure) 以及 AUC 作为评价参数，每组试验重复 20 次以降低随机性影响，并将统计均值作为最终评价指标。表 6.4 展示了数据集 PHM2010 和 TTWD 均衡法噪的部分试验结果，图 6.6 展示了该结果的累计误差。不同采样算法对 PHM2010 数据集的采样效果如图 6.7 所示。

由图 6.6、图 6.7 和表 6.4 可知，在数据量有限且含有噪声不均衡的情况下，对于刀具磨损状态监测，需要对非正常状态样本进行噪声处理和采样均衡，NI-MWMOTE 采样算法可以解决这类问题，具有很强的鲁棒性[4]。为了解决故障样本与正常样本之间的类内类间不均衡问题，本书提出采用 IA-SUWO 技术，将它与多种监测框架进行对比以验证其有效性。部分试验设计如下：部分试验范围定为 2~3，并根据原始文献合理确定其他参数；测试集选用 PHM2010 和 TTWD，其中 PHM2010 包括 Medium/Slight&Severe(100/100&100) 和 Medium/Slight I& Slight II(110/55&55)；使用 3-Bayesian 优化 LS-SVM 的超参数(γ 和 σ)，进行 20 次试验以减少随机性的影响，并将统计均值作为最终评价指标。

表 6.4　PHM2010 及 TTWD 均衡去噪结果对比

刀具数据	评价标准	No-sampling	SMOTE	ADASYN	Cluster-SMOTE	A-SUWO	MWMOTE	NI-MWMOTE
PHM2010 Medium/Slight (300/30)	敏感度	100.00 ± 0.000	98.83 ± 0.570	90.47 ± 1.420	98.63 ± 0.590	97.87 ± 1.550	97.87 ± 0.510	97.70 ± 0.400
	G 均值	88.69 ± 0.000	90.13 ± 0.990	88.59 ± 0.650	89.30 ± 0.920	92.75 ± 0.880	89.50 ± 0.740	92.95 ± 0.370
	F 值	90.36 ± 0.000	91.39 ± 0.730	88.82 ± 0.730	90.59 ± 0.650	93.24 ± 0.670	90.62 ± 0.560	93.37 ± 0.310
	AUC	89.33 ± 0.000	90.68 ± 0.880	88.62 ± 0.660	89.75 ± 0.081	92.90 ± 0.800	89.87 ± 0.670	93.07 ± 0.350
PHM2010 Medium/Slight (300/20)	敏感度	100.00 ± 0.000	98.84 ± 0.630	88.90 ± 1.410	98.30 ± 0.850	99.93 ± 0.300	96.67 ± 0.890	97.63 ± 0.820
	G 均值	86.79 ± 0.000	88.42 ± 0.830	86.51 ± 0.480	89.55 ± 0.840	91.60 ± 2.660	88.06 ± 0.920	92.84 ± 0.490
	F 值	89.02 ± 0.000	89.89 ± 0.590	86.85 ± 0.560	90.73 ± 0.640	92.62 ± 2.140	89.33 ± 0.670	93.28 ± 0.410
	AUC	87.67 ± 0.000	88.93 ± 0.730	86.55 ± 0.490	89.95 ± 0.760	91.98 ± 2.460	88.45 ± 0.820	92.97 ± 0.460
PHM2010 Medium/Slight (300/10)	敏感度	99.33 ± 0.000	97.67 ± 0.630	96.67 ± 0.750	94.13 ± 2.190	90.27 ± 1.300	96.37 ± 0.930	97.73 ± 0.850
	G 均值	89.14 ± 0.000	89.92 ± 0.430	89.19 ± 0.360	90.70 ± 0.630	94.35 ± 0.660	90.52 ± 0.420	92.02 ± 0.290
	F 值	90.58 ± 0.000	90.91 ± 0.340	90.19 ± 0.330	91.08 ± 0.610	94.20 ± 0.700	91.20 ± 0.310	92.62 ± 0.250
	AUC	89.67 ± 0.000	90.23 ± 0.390	89.48 ± 0.350	90.78 ± 0.600	94.45 ± 0.630	90.70 ± 0.370	92.22 ± 0.270
PHM2010 Medium/Severe (300/30)	敏感度	0.000 ± 0.000	96.40 ± 1.020	94.07 ± 10.230	87.60 ± 19.650	86.90 ± 1.930	97.23 ± 0.300	98.33 ± 0.760
	G 均值	0.000 ± 0.000	98.18 ± 0.520	96.81 ± 6.040	92.87 ± 11.920	93.21 ± 0.103	98.60 ± 1.560	99.16 ± 0.390
	F 值	NaN	98.16 ± 0.530	96.60 ± 6.910	92.01 ± 13.850	92.98 ± 0.110	98.57 ± 1.620	99.16 ± 0.390
	AUC	50.00 ± 0.000	98.20 ± 0.510	97.03 ± 5.110	93.08 ± 9.820	93.45 ± 0.960	98.62 ± 1.500	99.17 ± 0.380
PHM2010 Medium/Severe (300/20)	敏感度	29.33 ± 0.000	91.90 ± 1.110	89.90 ± 11.780	93.20 ± 1.550	78.60 ± 2.440	90.23 ± 16.160	94.63 ± 1.460
	G 均值	54.16 ± 0.000	95.86 ± 0.580	94.51 ± 7.520	96.54 ± 0.810	88.65 ± 1.370	94.45 ± 10.410	97.28 ± 0.740
	F 值	45.36 ± 0.000	95.78 ± 0.610	94.13 ± 8.910	96.47 ± 0.830	88.00 ± 1.530	93.87 ± 12.390	97.24 ± 0.760
	AUC	64.57 ± 0.000	95.95 ± 0.550	94.90 ± 6.110	96.60 ± 0.780	89.30 ± 1.220	95.12 ± 8.080	97.32 ± 0.730

续表

刀具数据(1~10)	评价标准	No-sampling	SMOTE	ADASYN	Cluster-SMOTE	A-SUWO	MWMOTE	NI-MWMOTE
PHM2010 Medium/Severe (300/10)	敏感度	39.33±0.000	89.17±2.430	91.33±1.540	85.77±1.810	NAN	92.53±1.520	92.83±1.920
	G均值	62.72±0.000	94.42±1.290	95.57±0.810	92.61±0.980	NAN	96.19±0.790	96.35±1.000
	F值	56.46±0.000	94.26±1.370	95.46±0.850	92.33±1.050	NAN	96.12±0.820	96.27±1.040
	AUC	69.67±0.000	94.82±1.210	95.67±0.770	92.88±0.910	NAN	96.27±0.760	96.42±0.960
TTWD Normal/Slight& Severe (200/10&20)	敏感度	90.00±3.420	89.72±7.630	91.67±4.320	96.15±1.580	94.50±7.460	89.83±2.590	96.50±1.670
	G均值	94.38±1.820	93.51±4.250	94.02±2.390	96.39±1.020	95.17±4.370	92.94±0.930	96.95±1.320
	F值	94.45±1.950	93.82±4.790	94.76±2.460	97.20±0.870	96.02±4.680	93.68±1.200	97.57±1.080
	AUC	94.50±1.710	93.69±3.800	94.06±2.300	96.40±1.020	95.25±4.090	93.01±0.890	96.95±1.320
TTWD Normal/Slight& Severe (200/20&40)	敏感度	93.05±0.460	95.17±1.260	96.13±0.900	96.90±1.060	97.58±0.800	95.80±1.320	97.73±0.770
	G均值	95.88±0.150	95.88±1.000	96.04±0.570	96.75±0.900	97.46±0.830	96.07±0.890	97.76±0.640
	F值	96.10±0.180	96.68±0.780	97.02±0.510	97.58±0.680	98.11±0.560	96.95±0.670	98.30±0.470
	AUC	95.92±0.140	95.89±0.990	96.04±0.570	96.75±0.900	97.46±0.820	96.07±0.890	97.76±0.640
TTWD Normal/Slight& Severe (200/20&10)	敏感度	85.25±6.890	81.87±15.39	96.13±2.520	89.50±2.180	92.75±3.870	91.03±1.770	93.07±3.090
	G均值	91.50±3.540	88.84±8.540	95.67±1.150	93.84±1.180	95.46±2.200	93.62±0.990	95.42±1.640
	F值	91.49±4.130	88.57±10.07	96.84±1.190	94.05±1.200	95.78±2.220	94.38±0.970	95.86±1.670
	AUC	91.89±3.080	89.64±7.250	95.69±1.140	93.95±1.140	95.53±2.110	93.66±0.970	95.46±1.600
TTWD Normal/Slight& Severe (200/40&20)	敏感度	92.30±2.350	91.72±2.670	93.27±3.720	94.47±1.500	94.85±1.330	91.35±2.790	95.23±0.910
	G均值	95.58±1.230	94.94±1.370	94.84±1.400	96.36±0.940	96.78±0.760	93.87±1.070	96.97±0.720
	F值	95.73±1.290	95.24±1.430	95.62±1.730	96.73±0.840	97.04±0.740	94.59±1.290	97.24±0.590
	AUC	95.65±1.170	95.01±1.320	94.89±1.340	96.39±0.930	96.80±0.750	93.93±1.020	96.99±0.710
总平均值		76.65	93.23	93.24	93.62	84.34	93.69	95.96

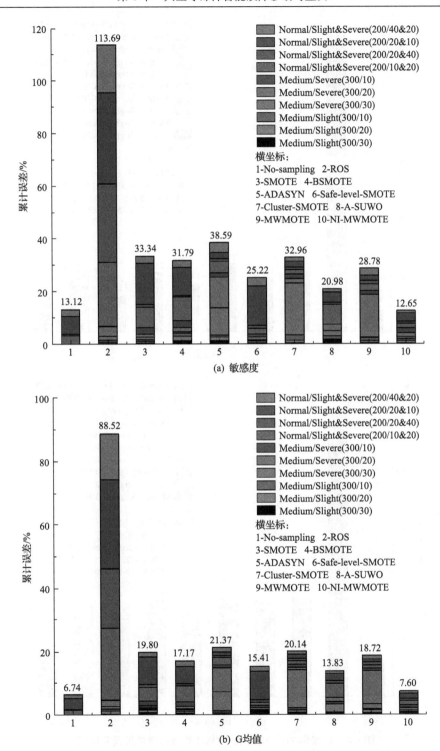

(a) 敏感度

(b) G均值

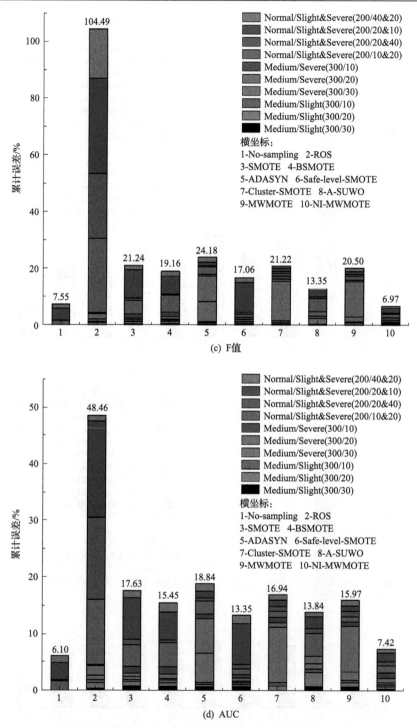

图 6.6　数据集 PHM2010 和 TTWD 均衡去噪结果误差比较

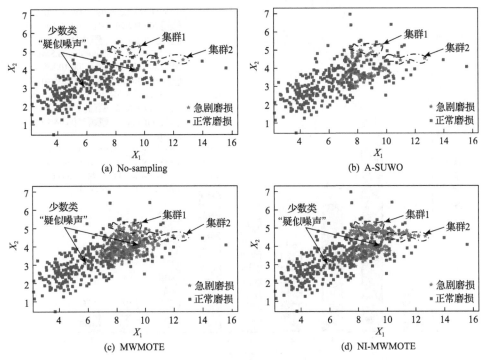

图 6.7　不同采样算法对 PHM2010 铣刀数据集的采样效果

　　PHM2010 和 TTWD 数据集样本的类内类间不均衡处理结果如图 6.8、图 6.9
和表 6.5 所示。图 6.10 为 PHM2010（C1）数据集样本的类内类间不均衡处理后的可
视化图。

　　根据试验结果，本书提出的 IA-SUWO 算法能够有效地解决数据有限和类内
类间不均衡这两个关键性问题。相比其他流行的采样算法，IA-SUWO 算法更适用
于刀具状态监测，无论决策边界是否明显。试验表明，在刀具监测方面，IA-SUWO
算法的准确率高达 94.80%，比采样前提升了 9.47%，同时算法鲁棒性强，更适用
于工程实际应用。

　　为了验证 SCOTE 算法的有效性，将它与 SMOTE 算法等 8 种流行采样算法进
行了比较。为了突出所提出的方案对异常状态分类的优势，选择 PHM2010 和
TTWD 作为测试集，并采用 Medium/Slight/Severe（100/100/100）。为了确保每种采
样算法都能得到优秀的结果，使用 LSSVMlab 1.8 自带的网格优化对 Multi-class
LS-SVM 分类器的超参数进行寻优，并进行了 10 次试验，以统计均值作为最终结
果。此外，将 SMOTE、ADASYN、Cluster-SMOTE、MWMOTE 和 A-SUWO 等
算法的 KNN 噪声处理（或样本合成）参数 k 范围设为 4～6。Cluster-SMOTE 的群
集范围为 2～3。MWMOTE 和 A-SUWO 算法的其他参数采用推荐值。对于 SCOTE，
k 的取值范围为 2～8，σ 的取值范围为 0.1～150，m 的取值范围为 1～30，而 k

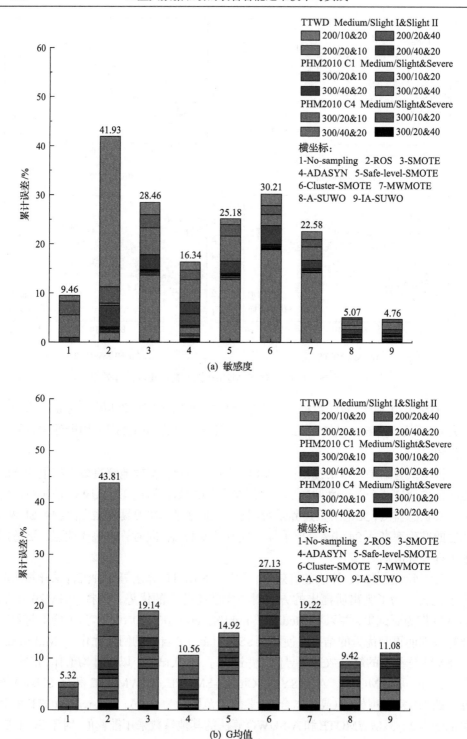

(a) 敏感度

(b) G均值

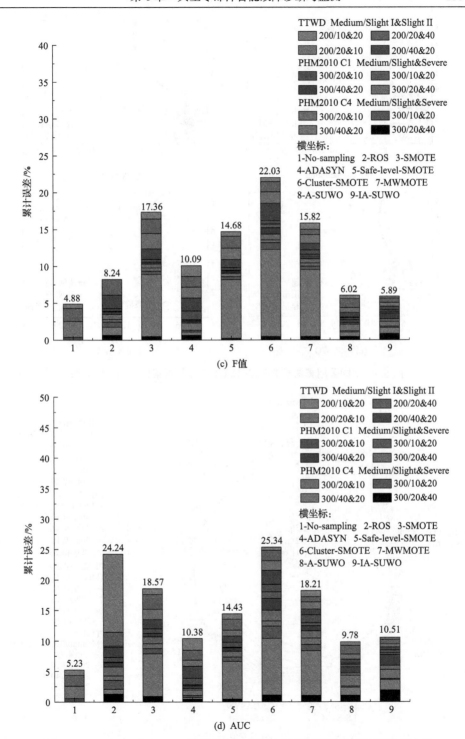

图 6.8 PHM2010 和 TTWD 数据集样本的类内类间不均衡处理结果误差比较

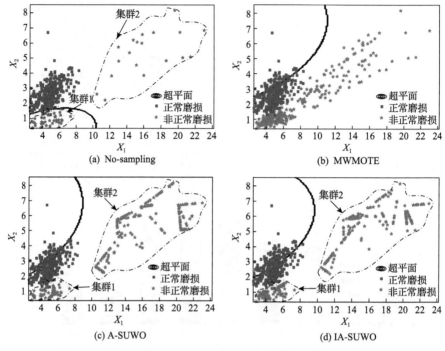

图 6.9　不同采用算法对 PHM2010 C1 铣刀数据集样本的采样效果

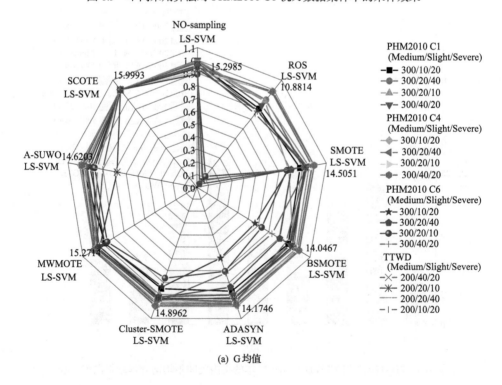

(a) G 均值

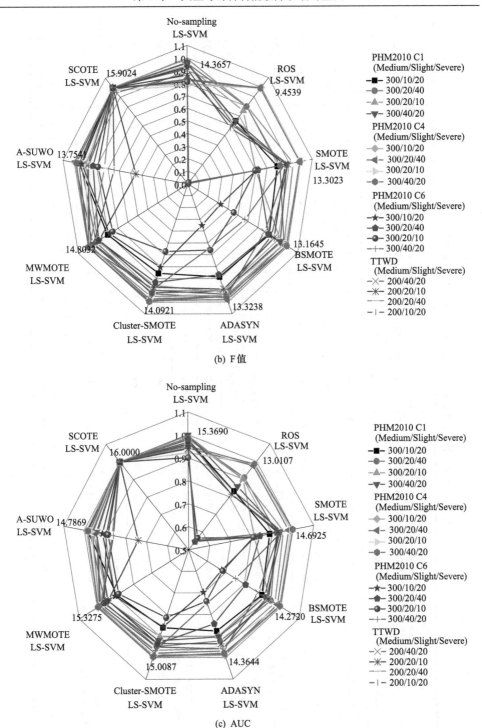

(b) F值

(c) AUC

图 6.10　数据集 PHM2010 和 TTWD 多类不均衡处理中各种采样算法的鲁棒性对比

表 6.5　PHM2010 及 TTWD 类内类间不均衡处理结果对比

刀具数据	评价标准	No-sampling	SMOTE	ADASYN	MWMOTE	A-SUWO	IA-SUWO
PHM2010 C1 Medium/Slight &Severe (300/20&40)	敏感度	97.50 ± 0.000	98.12 ± 0.320	53.15 ± 0.780	99.50 ± 0.000	97.48 ± 0.110	97.53 ± 0.260
	G 均值	90.50 ± 0.000	93.11 ± 0.970	66.93 ± 0.500	92.68 ± 1.130	90.32 ± 1.110	93.98 ± 1.970
	F 值	94.89 ± 0.000	96.23 ± 0.470	66.02 ± 0.640	96.43 ± 0.490	94.81 ± 0.460	96.64 ± 0.880
	AUC	90.75 ± 0.000	93.24 ± 0.920	68.72 ± 0.430	92.87 ± 1.051	90.59 ± 1.030	94.06 ± 1.890
PHM2010 C1 Medium/Slight &Severe (300/40&20)	敏感度	49.00 ± 0.000	70.00 ± 13.370	49.33 ± 0.520	68.30 ± 14.240	98.82 ± 0.240	98.95 ± 0.150
	G 均值	63.00 ± 0.000	74.41 ± 7.030	59.65 ± 0.340	73.93 ± 7.470	89.04 ± 1.460	91.64 ± 1.900
	F 值	61.83 ± 0.000	77.13 ± 8.430	60.43 ± 0.440	76.10 ± 9.030	94.71 ± 0.600	95.84 ± 0.790
	AUC	65.00 ± 0.000	74.85 ± 6.950	60.74 ± 0.320	72.52 ± 7.290	89.54 ± 1.310	91.93 ± 1.720
PHM2010 C1 Medium/Slight &Severe (300/10&20)	敏感度	98.00 ± 0.000	97.13 ± 0.430	97.52 ± 0.410	98.97 ± 0.110	96.90 ± 0.350	97.35 ± 0.330
	G 均值	90.19 ± 0.000	92.50 ± 0.880	88.27 ± 0.280	93.24 ± 1.110	96.45 ± 0.170	96.67 ± 0.160
	F 值	94.92 ± 0.000	95.66 ± 0.460	93.97 ± 0.240	96.54 ± 0.480	97.44 ± 0.180	97.67 ± 0.170
	AUC	90.50 ± 0.000	92.61 ± 0.840	88.71 ± 0.280	93.41 ± 1.040	96.45 ± 0.170	96.68 ± 0.160
PHM2010 C1 Medium/Slight&Severe (300/20&10)	敏感度	58.50 ± 0.000	97.10 ± 0.310	58.20 ± 1.290	98.65 ± 0.330	96.12 ± 0.360	96.82 ± 0.470
	G 均值	66.24 ± 0.000	87.97 ± 0.900	66.69 ± 0.900	88.16 ± 1.140	86.99 ± 1.990	92.29 ± 1.550
	F 值	68.42 ± 0.000	93.70 ± 0.440	68.47 ± 0.990	94.29 ± 0.440	92.99 ± 0.850	95.48 ± 0.660
	AUC	66.75 ± 0.000	88.40 ± 0.840	67.43 ± 0.910	88.72 ± 1.020	87.44 ± 1.790	92.41 ± 1.470

续表

刀具数据	评价标准	No-sampling	SMOTE	ADASYN	MWMOTE	A-SUWO	IA-SUWO
PHM2010 C4 Medium/Slight &Severe (300/20&40)	敏感度	99.00 ± 0.000	98.95 ± 0.150	99.25 ± 0.260	99.98 ± 0.110	98.05 ± 0.220	98.05 ± 0.150
	G 均值	89.55 ± 0.000	91.81 ± 1.240	88.41 ± 0.260	89.37 ± 1.370	92.68 ± 0.390	93.49 ± 0.710
	F 值	94.96 ± 0.000	95.91 ± 0.520	94.58 ± 0.150	95.21 ± 0.550	96.01 ± 0.190	96.38 ± 0.330
	AUC	90.00 ± 0.000	92.07 ± 1.140	89.00 ± 0.240	89.94 ± 1.220	92.83 ± 0.370	93.60 ± 0.680
PHM2010 C4 Medium/Slight &Severe (300/40&20)	敏感度	99.00 ± 0.000	98.90 ± 0.210	99.00 ± 0.000	100.0 ± 0.000	98.50 ± 0.000	98.35 ± 0.240
	G 均值	88.99 ± 0.000	90.76 ± 0.630	89.33 ± 0.490	88.91 ± 0.940	91.55 ± 0.110	93.38 ± 1.900
	F 值	94.74 ± 0.000	95.44 ± 0.270	94.87 ± 0.200	95.02 ± 0.380	95.66 ± 0.480	96.43 ± 0.800
	AUC	89.50 ± 0.000	91.10 ± 0.580	89.80 ± 0.440	89.53 ± 0.830	91.80 ± 1.020	93.53 ± 1.760
PHM2010 C4 Medium/Slight &Severe (300/10&20)	敏感度	98.50 ± 0.000	98.00 ± 0.000	97.47 ± 0.200	99.00 ± 0.000	98.22 ± 0.260	98.28 ± 0.260
	G 均值	92.57 ± 0.000	93.39 ± 0.000	96.18 ± 0.180	91.30 ± 0.550	93.71 ± 0.370	94.44 ± 0.300
	F 值	96.10 ± 0.000	96.31 ± 0.000	97.46 ± 0.120	95.70 ± 0.230	96.52 ± 0.200	96.87 ± 0.200
	AUC	92.75 ± 0.000	93.50 ± 0.000	96.19 ± 0.180	91.60 ± 0.500	93.81 ± 0.350	94.51 ± 0.300
PHM2010 C4 Medium/Slight &Severe (300/20&10)	敏感度	78.00 ± 0.000	99.00 ± 0.000	97.25 ± 2.310	99.87 ± 0.220	96.92 ± 0.180	97.00 ± 0.000
	G 均值	78.50 ± 0.000	90.56 ± 0.790	89.73 ± 0.990	87.71 ± 1.500	92.88 ± 0.230	93.95 ± 0.500
	F 值	82.76 ± 0.000	95.39 ± 0.340	94.47 ± 1.140	94.51 ± 0.600	95.76 ± 0.120	96.28 ± 0.230
	AUC	78.50 ± 0.000	90.93 ± 0.730	90.02 ± 1.080	88.46 ± 1.320	92.96 ± 0.220	94.00 ± 0.490

续表

刀具数据	评价标准	No-sampling	SMOTE	ADASYN	MWMOTE	A-SUWO	IA-SUWO
TTWD Normal/Slight I&Slight II (200/40&20)	敏感度	91.92±0.970	91.08±3.020	94.17±2.320	94.42±1.760	94.83±0.970	95.08±0.830
	G均值	91.55±0.590	88.99±1.500	89.25±1.950	91.20±0.930	91.51±0.670	91.89±0.470
	F值	92.26±0.400	90.21±1.440	90.98±1.760	92.41±0.910	92.71±0.640	93.03±0.470
	AUC	91.56±0.580	89.04±1.500	89.38±1.940	91.26±0.930	91.57±0.680	91.94±0.470
TTWD Normal/Slight I&Slight II (200/20&10)	敏感度	90.25±4.570	87.83±5.460	90.67±4.660	90.17±2.690	93.25±0.830	94.92±1.490
	G均值	91.94±2.060	89.35±1.730	91.16±1.050	91.44±1.180	92.26±0.870	92.37±0.490
	F值	92.33±2.150	89.91±2.080	91.77±1.490	91.92±1.160	93.02±0.650	93.36±0.510
	AUC	92.03±2.010	89.47±1.700	91.23±1.020	91.48±1.170	92.28±0.850	92.41±0.490
TTWD Normal/Slight I&Slight II (200/20&40)	敏感度	93.25±2.790	93.75±2.730	96.00±1.960	95.67±1.510	97.33±1.290	98.00±0.580
	G均值	89.38±1.750	89.54±2.460	90.01±1.610	90.80±0.870	91.38±1.440	92.65±0.780
	F值	90.89±1.740	91.14±1.990	91.86±1.460	92.36±0.730	93.07±1.190	94.08±0.600
	AUC	89.47±1.770	89.68±2.400	90.20±1.620	90.93±0.830	91.57±1.410	92.80±0.750
TTWD Normal/Slight I&Slight II (200/10&20)	敏感度	94.58±1.130	94.50±2.460	95.33±1.630	94.33±1.610	96.58±0.260	96.67±0.000
	G均值	91.63±0.920	91.01±1.010	90.88±2.010	91.77±1.030	91.67±0.610	91.76±0.350
	F值	92.77±0.590	92.30±0.920	92.39±1.460	92.83±0.820	93.13±0.460	93.21±0.250
	AUC	91.69±0.870	91.10±0.970	91.02±1.920	91.82±1.010	91.79±0.580	91.88±0.330
总平均值		86.60	91.32	85.07	91.57	93.79	94.80

的取值范围为 2~30。为了更清晰地展示 SCOTE 算法与其他采样算法、多类不均衡分类算法之间的差异，分两步证明了所提出的方案的优越性和先进性。试验结果如表 6.6 和图 6.10 所示。图 6.10 显示了在对数据集 PHM2010 和 TTWD 进行多类不均衡处理中各种采样算法的鲁棒性对比对 PHM2010 C6 铣刀数据集上样本的多类均衡化处理结果的可视化如图 6.11 所示。

通过试验结果可以看出，基于本书提出的 SCOTE 算法搭建的框架 SCOTE Multi-class LS-SVM 比基于其他 16 种流行算法搭建的框架更适用于数据有限且多类不均衡场景下的轴承和刀具状态监测。此外，该监测框架具有很强的鲁棒性，更适用于工程实际应用。针对铲齿车刀数据集 STTT，本书采用 Re-ADASYN 技术来均衡样本数据，与 No-sampling、ADASYN、SMOTE、SMOTENC、SVMSMOTE、Borderline SMOTE、RandomOverSampler 和 KMeansSMOTE 等采样算法进行了对比试验。同时，选用了 8 种常用的分类器模型：逻辑回归(LR)、KNN 法、决策树(DT)、随机森林(RF)、支持向量机(SVM)、XGBoost(XGB)、LightGBM(LGB)和 BP 神经网络(BPNN)来进行比较。采用的评价指标包括准确率(accuracy)、F 值、G 均值、ROC 曲线和 AUC。每组试验都独立重复 20 次，并取平均值作为最终结果。铲齿车刀数据集的具体试验结果如表 6.7 所示。结果表明：在 6 种评价方法下，Re-ADASYN 算法明显优于其他 7 种主流采样算法，有效提高了 8 种不同分类器的识别精度。

3. 分类器选取与超参数优化及分析

针对铣刀数据集 PHM2010 和自建车刀数据集 TTWD 分别进行试验，选用 LS-SVM 和 Multi-class LS-SVM 分类器，并采用 3-Bayesian 和网格优化技术对其超参数进行优化。本部分将详细阐述在铲齿车刀数据集 STTT 的磨损状态识别中所选用的分类器及其超参数优化。根据试验结果表明，LightGBM 分类器在铲齿车刀数据集上表现最佳，因此选择 LightGBM 作为铲齿车刀磨损状态识别的分类器，并使用遗传算法、粒子群优化算法和飞蛾扑火算法对 LightGBM 模型的 5 个超参数进行了优化[5,6]。基于 GA-LightGBM 的铲齿车刀磨损状态识别流程(图 6.12)具体步骤如下。

步骤 1：筛选影响模型精度和时间的 5 个超参数。

步骤 2：将这 5 个超参数的取值范围转换为二进制 DNA 编码。

步骤 3：将编码后的超参数应用于 LightGBM 模型，以模型错误率 e 为目标函数进行计算。

步骤 4：计算个体的适应度值 F_i，并找出适应度函数值最大的个体 $G_{\max(F_i)}$。

步骤 5：使用轮盘赌算法选择合适的个体。

表 6.6　数据集 PHM2010 和 TTWD 多类不均衡处理结果对比

刀具数据集	分类方法	训练集准确率				测试集准确率				G均值	F值	AUC
		Normal	Slight	Severe	平均值	Normal	Slight	Severe	平均值			
PHM2010 C1 Normal/Slight/Severe (300/10/20)	No-sampling	100.0	90.00	98.50	96.17	97.00	87.50	89.60	91.37	92.68	88.55	92.78
	ROS	100.0	100.0	100.0	100.0	97.90	23.00	96.80	72.57	76.58	59.90	78.90
	SMOTE	100.0	100.0	99.87	99.96	95.40	50.50	95.10	80.17	83.19	72.80	84.10
	BSMOTE	99.97	100.0	100.0	99.99	94.90	54.80	95.10	81.60	84.34	74.95	84.93
	ADASYN	99.93	100.0	100.0	99.98	93.80	48.50	96.40	79.57	82.44	72.45	83.13
	Cluster-SMOTE	99.90	100.0	99.68	99.86	93.50	43.20	95.90	77.53	80.64	69.55	81.53
	MWMOTE	99.87	100.0	99.61	99.83	95.00	49.90	98.30	81.07	83.90	74.10	84.55
	A-SUWO	99.93	100.0	100.0	99.98	98.50	79.10	97.10	91.57	93.15	88.10	93.30
	SCOTE	100.0	100.0	100.0	100.0	97.40	87.50	96.70	93.87	94.71	92.10	94.75
PHM2010 C1 Normal/Slight/Severe (300/20/40)	No-sampling	100.0	98.50	99.50	99.33	96.00	77.90	92.60	88.83	90.47	85.25	90.63
	ROS	100.0	100.0	100.0	100.0	96.00	44.40	97.60	79.33	82.56	71.00	83.50
	SMOTE	100.0	100.0	99.81	99.94	96.60	47.60	97.40	80.53	83.69	72.50	84.55
	BSMOTE	99.93	99.71	100.0	99.88	88.00	73.40	97.80	86.40	86.79	85.60	86.80
	ADASYN	99.47	99.71	99.94	99.71	83.60	73.80	98.20	85.20	84.79	86.00	84.80
	Cluster-SMOTE	99.87	100.0	99.69	99.85	91.80	66.80	98.00	85.53	86.97	82.40	87.10
	MWMOTE	99.87	100.0	99.88	99.92	94.20	65.00	98.80	86.00	87.83	81.90	88.05
	A-SUWO	100.0	100.0	100.0	100.0	95.20	68.80	98.40	87.47	89.21	83.60	89.40
	SCOTE	100.0	100.0	100.0	100.0	94.80	78.80	99.00	90.87	91.80	88.90	91.85

续表

刀具数据集	分类方法	训练集准确率				测试集准确率				G均值	F值	AUC
		Normal	Slight	Severe	平均值	Normal	Slight	Severe	平均值			
PHM2010 C1 Normal/Slight/Severe (300/20/10)	No-sampling	100.0	100.0	100.0	100.0	95.00	79.60	92.60	89.07	90.44	86.10	90.55
	ROS	100.0	100.0	100.0	100.0	96.80	41.60	96.80	78.40	81.40	69.20	83.00
	SMOTE	100.0	100.0	100.0	100.0	95.00	61.20	48.80	68.33	72.28	55.00	75.00
	BSMOTE	99.80	99.68	100.0	99.83	87.00	75.80	95.60	86.13	86.35	85.70	86.35
	ADASYN	99.60	99.68	100.0	99.76	81.80	73.60	94.80	83.40	82.99	84.20	83.00
	Cluster-SMOTE	99.67	100.0	100.0	99.89	87.80	74.80	82.60	81.73	83.13	78.70	83.25
	MWMOTE	99.67	100.0	99.94	99.87	90.80	69.00	97.00	85.60	86.81	83.00	86.90
	A-SUWO	100.0	100.0	100.0	100.0	94.20	67.20	97.00	86.13	87.94	82.10	88.15
	SCOTE	99.87	100.0	100.0	99.96	92.60	86.40	97.00	92.00	92.15	91.70	92.15
PHM2010 C1 Normal/Slight/Severe (300/40/20)	No-sampling	99.73	96.00	95.00	96.91	92.60	97.60	90.60	93.60	93.35	94.10	93.35
	ROS	100.0	100.0	100.0	100.0	96.60	31.20	96.40	74.73	78.51	63.80	80.20
	SMOTE	100.0	100.0	99.76	99.92	89.00	75.40	96.40	86.93	87.44	85.90	87.45
	BSMOTE	99.93	99.38	100.0	99.77	79.60	86.20	95.40	87.07	85.02	90.80	85.20
	ADASYN	99.73	99.06	100.0	99.60	79.60	81.00	97.60	86.07	84.31	89.30	84.45
	Cluster-SMOTE	99.80	100.0	99.71	99.84	81.60	84.40	96.20	87.40	85.84	90.30	85.95
	MWMOTE	99.93	100.0	99.88	99.94	82.20	88.60	98.60	89.80	87.71	93.60	87.90
	A-SUWO	99.60	100.0	100.0	99.87	78.60	97.60	97.20	91.13	87.50	97.40	88.00
	SCOTE	99.73	100.0	100.0	99.91	88.60	97.60	98.80	95.00	93.28	98.20	93.40

续表

刀具数据集	分类方法	训练集准确率				测试集准确率				G均值	F值	AUC
		Normal	Slight	Severe	平均值	Normal	Slight	Severe	平均值			
PHM2010 C4 Normal/Slight/Severe (300/10/20)	No-sampling	100.0	100.0	100.0	100.0	100.0	56.60	90.60	82.07	85.50	73.60	86.80
	ROS	100.0	100.0	100.0	100.0	93.40	90.60	93.80	92.60	92.80	92.20	92.80
	SMOTE	100.0	100.0	100.0	100.0	94.40	88.00	96.00	92.80	93.19	92.00	93.20
	BSMOTE	100.0	100.0	100.0	100.0	95.80	87.00	95.80	92.87	93.57	91.40	93.60
	ADASYN	100.0	100.0	100.0	100.0	97.80	81.40	95.80	91.67	93.09	88.60	93.20
	Cluster-SMOTE	100.0	100.0	100.0	100.0	96.80	85.60	96.60	93.00	93.91	91.10	93.95
	MWMOTE	100.0	100.0	100.0	100.0	95.60	85.20	98.60	93.13	93.73	91.90	93.75
	A-SUWO	100.0	100.0	100.0	100.0	94.80	85.20	97.80	92.60	93.14	91.50	93.15
	SCOTE	100.0	100.0	100.0	100.0	95.80	88.20	96.80	93.60	94.14	92.50	94.15
PHM2010 C4 Normal/Slight/Severe (300/20/40)	No-sampling	100.0	100.0	100.0	100.0	100.0	68.40	92.00	86.80	89.55	80.20	90.10
	ROS	100.0	100.0	100.0	100.0	90.80	96.00	95.40	94.07	93.22	95.70	93.25
	SMOTE	100.0	100.0	100.0	100.0	91.40	95.20	96.20	94.27	93.53	95.70	93.55
	BSMOTE	100.0	100.0	100.0	100.0	92.00	94.80	96.00	94.27	93.68	95.40	93.70
	ADASYN	100.0	100.0	100.0	100.0	93.60	92.80	96.60	94.33	94.15	94.70	94.15
	Cluster-SMOTE	100.0	100.0	100.0	100.0	94.00	93.60	96.40	94.67	94.50	95.00	94.50
	MWMOTE	100.0	100.0	100.0	100.0	93.00	93.80	99.00	95.27	94.68	96.40	94.70
	A-SUWO	100.0	100.0	100.0	100.0	91.20	91.20	93.40	91.93	91.75	92.30	91.75
	SCOTE	100.0	100.0	100.0	100.0	96.00	91.20	99.00	95.40	95.55	95.10	95.55

续表

刀具数据集	分类方法	训练集准确率				测试集准确率				G均值	F值	AUC
		Normal	Slight	Severe	平均值	Normal	Slight	Severe	平均值			
PHM2010 C4 Normal/Slight/Severe (300/20/10)	No-sampling	100.0	100.0	100.0	100.0	100.0	62.60	86.20	82.93	86.26	74.40	87.20
	ROS	100.0	100.0	100.0	100.0	93.00	94.60	93.60	93.73	93.55	94.10	93.55
	SMOTE	100.0	100.0	100.0	100.0	92.40	94.00	96.00	94.13	93.69	95.00	93.70
	BSMOTE	100.0	100.0	100.0	100.0	95.20	91.60	93.20	93.33	93.79	92.40	93.80
	ADASYN	100.0	100.0	100.0	100.0	93.60	92.40	78.80	88.27	89.51	85.60	89.60
	Cluster-SMOTE	100.0	100.0	100.0	100.0	94.20	91.20	94.20	93.20	93.45	92.70	93.45
	MWMOTE	100.0	100.0	100.0	100.0	93.20	91.20	97.40	93.93	93.75	94.30	93.75
	A-SUWO	100.0	100.0	100.0	100.0	96.60	83.20	88.80	89.53	91.15	86.00	91.30
	SCOTE	100.0	100.0	100.0	100.0	96.80	88.40	96.00	93.73	94.47	92.20	94.50
PHM2010 C4 Normal/Slight/Severe (300/40/20)	No-sampling	100.0	100.0	100.0	100.0	100.0	70.60	88.20	86.27	89.11	79.40	89.70
	ROS	100.0	100.0	100.0	100.0	90.60	95.00	95.20	93.60	92.82	95.10	92.85
	SMOTE	100.0	100.0	100.0	100.0	93.20	93.80	96.80	94.60	94.24	95.30	94.25
	BSMOTE	100.0	100.0	100.0	100.0	92.20	94.20	96.40	94.27	93.74	95.30	93.75
	ADASYN	100.0	100.0	100.0	100.0	93.00	89.40	94.20	92.20	92.40	91.80	92.40
	Cluster-SMOTE	100.0	100.0	100.0	100.0	92.00	94.60	96.80	94.47	93.83	95.70	93.85
	MWMOTE	100.0	100.0	100.0	100.0	91.60	93.60	99.00	94.73	93.92	96.30	93.95
	A-SUWO	100.0	100.0	100.0	100.0	90.60	92.60	96.40	93.20	92.53	94.50	92.55
	SCOTE	100.0	100.0	100.0	100.0	92.80	95.00	96.60	94.80	94.29	95.80	94.30

续表

刀具数据集	分类方法	训练集准确率				测试集准确率				G 均值	F 值	AUC
		Normal	Slight	Severe	平均值	Normal	Slight	Severe	平均值			
PHM2010 C6 Normal/Slight/Severe (300/10/20)	No-sampling	99.47	90.00	95.00	94.82	97.00	99.00	59.80	85.27	87.76	79.40	88.20
	ROS	100.0	100.0	100.0	100.0	100.0	1.000	0.000	33.67	7.070	0.500	50.25
	SMOTE	99.20	100.0	98.00	99.07	98.40	29.60	73.80	67.27	71.33	51.70	75.05
	BSMOTE	99.13	100.0	97.35	98.83	96.80	8.800	47.00	50.87	51.97	27.90	62.35
	ADASYN	99.87	100.0	99.42	99.77	98.00	38.40	21.80	52.73	54.31	30.10	64.05
	Cluster-SMOTE	99.33	100.0	98.97	99.43	97.20	41.20	79.40	72.60	76.56	60.30	78.75
	MWMOTE	98.33	100.0	91.81	96.71	98.40	45.80	88.60	77.60	81.32	67.20	82.80
	A-SUWO	99.33	100.0	100.0	99.78	88.00	100.0	59.20	82.40	83.69	79.60	83.80
	SCOTE	99.33	100.0	100.0	99.78	98.20	99.40	71.60	89.73	91.63	85.50	91.85
PHM2010 C6 Normal/Slight/Severe (300/20/40)	No-sampling	99.00	95.00	91.00	95.00	95.00	100.0	68.80	87.93	89.54	84.40	89.70
	ROS	100.0	100.0	100.0	100.0	100.0	0.200	0.000	33.40	3.160	0.100	50.05
	SMOTE	98.53	100.0	98.12	98.88	99.60	32.00	76.80	69.47	73.61	54.40	77.00
	BSMOTE	98.73	100.0	96.94	98.56	77.40	68.80	72.20	72.80	73.87	70.50	73.95
	ADASYN	98.60	100.0	96.05	98.22	87.20	52.00	82.80	74.00	76.66	67.40	77.30
	Cluster-SMOTE	98.67	100.0	98.06	98.91	98.40	60.60	85.20	81.40	84.70	72.90	85.65
	MWMOTE	98.00	100.0	92.69	96.90	98.00	65.80	91.00	84.93	87.65	78.40	88.20
	A-SUWO	99.47	100.0	100.0	99.82	90.80	92.40	53.40	78.87	81.36	72.90	81.85
	SCOTE	98.80	100.0	100.0	99.60	95.60	100.0	75.20	90.27	91.51	87.60	91.60

续表

刀具数据集	分类方法	训练集准确率				测试集准确率				G均值	F值	AUC
		Normal	Slight	Severe	平均值	Normal	Slight	Severe	平均值			
PHM2010 C6 Normal/Slight/ Severe (300/20/10)	No-sampling	99.33	95.00	74.00	89.44	95.00	100.0	31.60	75.53	79.06	65.80	80.40
	ROS	99.00	100.0	100.0	99.67	100.0	2.000	0.000	34.00	10.00	1.000	50.50
	SMOTE	99.60	100.0	97.88	99.16	96.20	32.60	64.00	64.27	68.16	48.30	72.25
	BSMOTE	99.27	99.87	99.31	99.48	85.00	71.00	3.200	53.07	56.16	37.10	61.05
	ADASYN	99.33	100.0	99.75	99.69	86.40	75.60	15.40	59.13	62.70	45.50	65.95
	Cluster-SMOTE	100.0	100.0	99.81	99.94	99.00	42.00	50.80	63.93	67.78	46.40	72.70
	MWMOTE	99.47	100.0	95.94	98.47	96.40	54.00	68.20	72.87	76.75	61.10	78.75
	A-SUWO	99.80	100.0	100.0	99.93	94.00	87.00	41.00	74.00	77.56	64.00	79.00
	SCOTE	99.33	100.0	100.0	99.78	97.40	99.00	63.20	86.53	88.88	81.10	89.25
PHM2010 C6 Normal/Slight/ Severe (300/40/20)	No-sampling	99.33	97.50	95.00	97.28	94.00	100.0	59.80	84.60	86.66	79.90	86.95
	ROS	100.0	100.0	100.0	100.0	100.0	0.600	0.200	33.60	6.320	0.40	50.20
	SMOTE	99.27	100.0	97.71	98.99	94.00	73.60	82.20	83.27	85.57	77.90	85.95
	BSMOTE	99.40	100.0	99.00	99.47	85.00	85.60	18.00	62.87	66.36	51.80	68.40
	ADASYN	99.53	100.0	100.0	99.84	86.40	88.00	11.00	61.80	65.40	49.50	67.95
	Cluster-SMOTE	99.13	100.0	99.71	99.61	95.00	82.20	79.60	85.60	87.67	80.90	87.95
	MWMOTE	97.80	100.0	91.47	96.42	88.40	92.00	90.00	90.13	89.69	91.00	89.70
	A-SUWO	99.60	100.0	100.0	99.87	91.40	98.20	60.60	83.40	85.19	79.40	85.40
	SCOTE	99.33	100.0	100.0	99.78	95.20	100.0	73.00	89.40	90.75	86.50	90.85

续表

刀具数据集	分类方法	训练集准确率				测试集准确率				G均值	F值	AUC
		Normal	Slight	Severe	平均值	Normal	Slight	Severe	平均值			
TTWD Normal/Slight/Severe (200/40/20)	No-sampling	100.0	100.0	95.00	98.33	99.00	90.80	86.00	91.93	93.55	88.40	93.70
	ROS	99.95	100.0	100.0	99.98	98.50	88.70	25.60	70.93	75.03	57.15	77.83
	SMOTE	99.55	100.0	99.92	99.82	97.10	88.10	75.10	86.77	89.01	81.60	89.35
	BSMOTE	99.70	100.0	100.0	99.90	96.70	87.10	54.50	79.43	82.74	70.80	83.75
	ADASYN	98.50	100.0	100.0	99.50	97.60	95.00	80.90	91.17	92.65	87.95	92.78
	Cluster-SMOTE	98.25	100.0	99.58	99.28	97.40	89.40	90.30	92.37	93.55	89.85	93.63
	MWMOTE	99.15	100.0	99.71	99.62	97.70	90.60	89.80	92.70	93.88	90.20	93.95
	A-SUWO	99.60	100.0	100.0	99.87	98.10	89.70	72.50	86.77	89.20	81.10	89.60
	SCOTE	100.0	100.0	100.0	100.0	99.00	93.00	91.40	94.47	95.54	92.20	95.60
TTWD Normal/Slight/Severe (200/20/10)	No-sampling	100.0	100.0	90.00	96.67	98.60	93.60	65.90	86.03	88.68	79.75	89.18
	ROS	100.0	100.0	100.0	100.0	98.50	82.40	30.10	70.33	74.44	56.25	77.38
	SMOTE	98.55	100.0	99.95	99.50	96.30	83.10	75.90	85.10	87.50	79.50	87.90
	BSMOTE	99.45	100.0	100.0	99.82	97.00	85.40	74.20	85.53	87.98	79.80	88.40
	ADASYN	99.15	100.0	99.68	99.61	95.60	85.10	79.30	86.67	88.65	82.20	88.90
	Cluster-SMOTE	98.55	100.0	99.95	99.50	96.80	90.40	70.70	85.97	88.30	80.55	88.68
	MWMOTE	99.20	100.0	99.82	99.67	96.20	84.70	79.50	86.80	88.87	82.10	89.15
	A-SUWO	99.85	100.0	100.0	99.95	98.40	41.40	42.60	60.80	64.29	42.00	70.20
	SCOTE	98.55	100.0	97.88	98.81	97.40	94.60	90.10	94.03	94.84	92.35	94.88

续表

刀具数据集	分类方法	训练集准确率				测试集准确率				G均值	F值	AUC
		Normal	Slight	Severe	平均值	Normal	Slight	Severe	平均值			
TTWD Normal/Slight/Severe (200/20/40)	No-sampling	100.0	99.50	94.75	98.08	99.00	90.30	92.90	94.07	95.23	91.60	95.30
	ROS	99.90	100.0	100.0	99.97	98.20	83.30	64.60	82.03	85.22	73.95	86.08
	SMOTE	99.50	100.0	99.95	99.82	96.40	83.70	88.30	89.47	91.05	86.00	91.20
	BSMOTE	99.40	100.0	100.0	99.80	96.20	84.50	92.90	91.20	92.37	88.70	92.45
	ADASYN	99.45	100.0	100.0	99.82	96.30	84.80	89.30	90.13	91.56	87.05	91.68
	Cluster-SMOTE	99.45	100.0	99.77	99.74	97.10	81.00	93.90	90.67	92.15	87.45	92.28
	MWMOTE	99.20	100.0	99.32	99.51	97.60	87.60	93.80	93.00	94.09	90.70	94.15
	A-SUWO	99.65	100.0	100.0	99.88	98.00	41.90	92.90	77.60	81.27	67.40	82.70
	SCOTE	99.55	100.0	98.70	99.42	99.00	91.00	93.30	94.43	95.51	92.15	95.58
TTWD Normal/Slight/Severe (200/10/20)	No-sampling	100.0	100.0	95.00	98.33	99.00	29.40	84.60	71.00	75.12	57.00	78.00
	ROS	99.80	100.0	100.0	99.93	97.90	31.00	41.00	56.63	59.37	36.00	66.95
	SMOTE	99.25	100.0	100.0	99.75	97.00	26.90	83.80	69.23	73.27	55.35	76.18
	BSMOTE	99.05	100.0	100.0	99.68	96.40	27.00	77.20	66.87	70.87	52.10	74.25
	ADASYN	98.30	100.0	99.76	99.35	96.70	33.00	83.20	70.97	74.96	58.10	77.40
	Cluster-SMOTE	98.80	100.0	99.52	99.44	97.20	21.60	90.30	69.70	73.75	55.95	76.58
	MWMOTE	99.25	100.0	99.76	99.67	98.20	28.00	90.00	72.07	76.12	59.00	78.60
	A-SUWO	99.70	100.0	100.0	99.90	98.20	12.60	67.90	59.57	62.87	40.25	69.23
	SCOTE	100.0	100.0	100.0	100.00	98.80	33.80	90.80	74.47	78.46	62.30	80.55

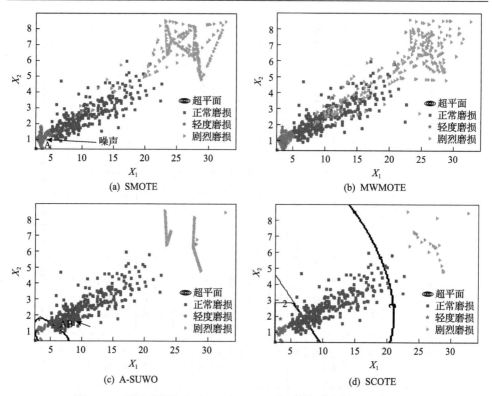

图 6.11 不同采样算法对 PHM2010 C6 铣刀数据集样本的采样效果

表 6.7 铲齿车刀数据集试验结果

方法	采样算法	LR	KNN	DT	RF	SVM	XGB	LGB	BPNN	获胜数	平均值
准确率	No-sampling	0.6249	0.7247	0.8179	0.8568	0.8322	0.8499	0.8574	0.8513	—	0.8019
	ADASYN	0.7437	0.7579	0.8593	0.8602	0.8449	0.8562	0.8521	0.8397	0	0.8268
	Re-ADASYN	0.7349	0.8588	0.8674	0.8548	0.8722	0.8824	0.8844	0.8897	5	0.8556
	SMOTE	0.7397	0.8442	0.8597	0.8617	0.8504	0.8809	0.8771	0.8857	0	0.8500
	SMOTENC	0.7023	0.8424	0.8596	0.8624	0.8653	0.8722	0.8753	0.8789	1	0.8448
	SVMSMOTE	0.7449	0.8546	0.8641	0.8541	0.8731	0.8669	0.8769	0.8799	1	0.8518
	BorderlineSMOTE	0.7044	0.8479	0.8594	0.8544	0.8499	0.8748	0.8735	0.8864	0	0.8438
	RandomOver Sampler	0.6993	0.8044	0.8597	0.8449	0.8552	0.8677	0.8824	0.8845	0	0.8373
	KMeansSMOTE	0.7455	0.7633	0.8602	0.8479	0.8547	0.8757	0.8734	0.8842	1	0.8381
F 值	No-sampling	0.5022	0.5324	0.5744	0.6233	0.6743	0.6356	0.6022	0.6133	—	0.5947
	ADASYN	0.6322	0.6477	0.6789	0.6977	0.7521	0.7322	0.7477	0.7622	0	0.7063
	Re-ADASYN	0.6111	0.7211	0.7187	0.7344	0.7577	0.7473	0.7644	0.7583	5	0.7266

续表

方法	采样算法	LR	KNN	DT	RF	SVM	XGB	LGB	BPNN	获胜数	平均值
F 值	SMOTE	0.6302	0.7209	0.7092	0.7299	0.7549	0.7470	0.7619	0.7551	0	0.7264
	SMOTENC	0.6145	0.7199	0.7064	0.7305	0.7570	0.7458	0.7587	0.7497	0	0.7228
	SVMSMOTE	0.6025	0.7209	0.7181	0.7339	0.7579	0.7449	0.7607	0.7608	1	0.7250
	BorderlineSMOTE	0.6279	0.6488	0.6882	0.7124	0.7539	0.7324	0.7473	0.7499	0	0.7076
	RandomOver Sampler	0.6237	0.6487	0.6792	0.7059	0.7524	0.7327	0.7469	0.7625	1	0.7065
	KMeansSMOTE	0.6330	0.7105	0.7097	0.7132	0.7367	0.7466	0.7499	0.7479	1	0.7184
G 均值	No-sampling	0.5221	0.6322	0.6277	0.6439	0.6273	0.6029	0.6122	0.6673	—	0.6170
	ADASYN	0.6472	0.7114	0.7022	0.7279	0.7595	0.7679	0.7827	0.8021	0	0.7376
	Re-ADASYN	0.8247	0.7234	0.7345	0.7199	0.7549	0.7779	0.8133	0.8045	5	0.7441
	SMOTE	0.6403	0.7230	0.7333	0.7281	0.7547	0.7759	0.8039	0.8039	1	0.7440
	SMOTENC	0.6399	0.7231	0.7244	0.7225	0.7439	0.7747	0.8073	0.8037	0	0.7424
	SVMSMOTE	0.6249	0.7149	0.7243	0.7237	0.7551	0.7778	0.8122	0.8043	1	0.7422
	BorderlineSMOTE	0.6139	0.7125	0.7029	0.7279	0.7379	0.7709	0.7857	0.8023	0	0.7318
	RandomOver Sampler	0.6043	0.7097	0.7037	0.7178	0.7394	0.7681	0.7843	0.8029	0	0.7288
	KMeansSMOTE	0.6580	0.7137	0.7239	0.7279	0.7459	0.7763	0.8011	0.8041	1	0.7439
AUC	No-sampling	0.5987	0.6243	0.8231	0.9002	0.9222	0.9433	0.9531	0.9500	—	0.8394
	ADASYN	0.6844	0.8221	0.9033	0.9332	0.9514	0.9534	0.9571	0.9611	0	0.8958
	Re-ADASYN	0.7745	0.8772	0.9238	0.9438	0.9557	0.9527	0.9675	0.9700	5	0.9207
	SMOTE	0.7669	0.8762	0.9218	0.9435	0.9546	0.9547	0.9673	0.9690	1	0.9193
	SMOTENC	0.7531	0.8558	0.9149	0.9407	0.9550	0.9537	0.9654	0.9700	1	0.9136
	SVMSMOTE	0.7721	0.8769	0.9199	0.9399	0.9559	0.9525	0.9650	0.9547	1	0.9171
	BorderlineSMOTE	0.6847	0.8229	0.9040	0.9340	0.9524	0.9530	0.9602	0.9639	0	0.8969
	RandomOver Sampler	0.6839	0.8347	0.9039	0.9337	0.9519	0.9539	0.9573	0.9624	1	0.8977
	KMeansSMOTE	0.7747	0.8690	0.9177	0.9339	0.9555	0.9523	0.9669	0.9663	1	0.9170
时间/s		0.043	0.058	0.033	0.035	0.089	0.017	0.011	0.117		

　　步骤 6：使用基因变异和交叉繁殖操作产生新的子代，并将新的子代提供给 LightGBM 模型进行最优选择。

　　步骤 7：保存选择的结果直至找到最优解，输出最优参数组合。

　　步骤 8：使用最佳参数组合建立 GA-LightGBM 模型，用于刀具磨损状态的识别。

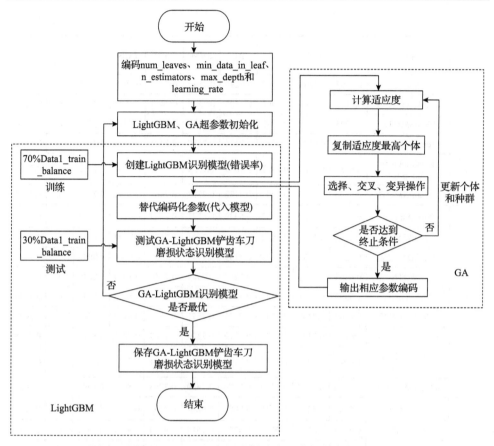

图 6.12　基于 GA-LightGBM 的铲齿车刀磨损状态识别流程图

　　基于 PSO-LightGBM 的铲齿车刀磨损状态识别流程如图 6.13 所示,对 5 个超参数 num_leaves、min_data_in_leaf、n_estimators、max_depth 和 learning_rate 的优化流程如下。

　　步骤 1:由于 LightGBM 模型的 5 个超参数的取值范围不同且相互影响,在 GA-LightGBM 框架中设置了与超参数相同的参数范围。接着对输入输出数据进行归一化处理,使它们处于相同数量级。归一化处理的公式为

$$x = \frac{x_i - x_{\min}}{x_{\max} - x_{\min}} \tag{6.1}$$

式中, $x_{\min}$ 为最小值; $x_{\max}$ 为最大值。

　　步骤 2:设置初始参数,包括 num_leaves、min_data_in_leaf、n_estimators、max_depth 和 learning_rate 5 个超参数的搜索范围,并随机生成一组粒子的速度与位置。

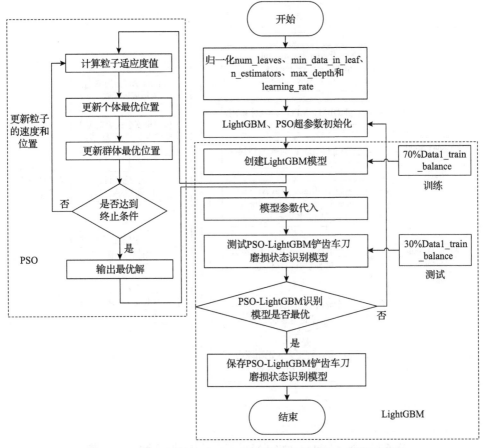

图 6.13　基于 PSO-LightGBM 的铲齿车刀磨损状态识别流程图

步骤 3：选择模型错误率 e 作为优化函数，在训练集数据上训练 LightGBM 模型。

步骤 4：在超参数搜索范围内，每个粒子都会随机生成 num_leaves、min_data_in_leaf、n_estimators、max_depth 和 learning_rate 这五个超参数，然后对这些超参数进行优化。因此，将每个粒子的超参数优化结果代入 LightGBM 模型，根据模型错误率 e 将其作为粒子群算法的适应度值 F_i，并计算所有粒子的适应度值。

步骤 5：对于每个粒子，将其对应的适应度值 F_i 与个体最优位置 P_{best} 对应的适应度值进行比较，如果更好，则使用当前位置替代 P_{best}。

步骤 6：与步骤 5 相似，更新种群最优位置 G_{best}。

根据图 6.14 所示，可以采用 MFO 算法对 LightGBM 模型中的 5 个超参数进行优化，以提高铲齿车刀磨损状态的识别准确率，具体流程如下。

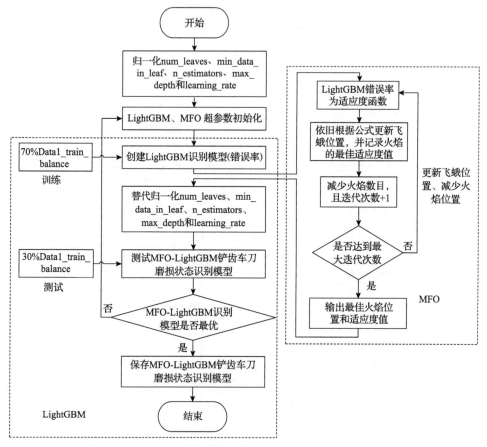

图 6.14　基于 MFO-LightGBM 的铲齿车刀磨损状态识别流程图

步骤 1：因为 LightGBM 模型的 5 个超参数的取值范围不同，且彼此相互影响，所以参数范围的设置与 GA-LightGBM、PSO-LightGBM 框架相同，具体如表 6.8 所示。接下来，对输入输出数据进行归一化处理，使它们处于相同的数量级，归一化处理公式如式 (6.1) 所示。

表 6.8　LightGBM 模型各参数在不同优化算法下的取值

优化算法	num_leaves	min_data_in_leaf	n_estimators	max_depth	learning_rate
GA	22	30	33	8	0.14
PSO	17	30	32	5	0.16
MFO	21	30	35	7	0.14

步骤 2：设置 MFO 算法的参数。将飞蛾和火焰的数量 n 设置为 200，变量维度 d 设置为 5，飞蛾位置的上限 b_u=[5,200]，下限 b_l=[−5,200]，最大迭代次数 l_{max} 设置为 100。

步骤 3：初始化飞蛾位置。在搜索空间内随机生成飞蛾位置，$M(i,:) = [m_{i,1}, m_{i,2},$
$m_{i,3}, m_{i,4}, m_{i,5}]$=[num_leaves,min_data_in_leaf,n_estimators,max_depth,learning_rate]，
迭代次数 l 初始化为 1。其中，$M(i,:)$ 为飞蛾矩阵 M 的第 i 行的行向量。

步骤 4：计算适应度函数值 F_i。将 $m_{i,1}$，$m_{i,2}$，$m_{i,3}$，$m_{i,4}$，$m_{i,5}$ 输入 LightGBM
模型中，进行铲齿车刀磨损状态的预测。根据预测模型的错误率 e，计算相应的
适应度函数值 F_i。

步骤 5：根据适应度值 F_i 的大小，将飞蛾位置从小到大进行排序，并赋予火焰。

步骤 6：根据式(6.2)更新飞蛾和火焰的位置，

$$M_i = S(M_i, F_j) = D_i e^{bt} \cos(2\pi t) + F_j \tag{6.2}$$

式中，M_i 为第 i 个飞蛾位置；F_j 为第 j 个火焰位置；$D_i = |M_i - F_j|$；S 为螺旋函数；
$t \in [-1,1]$；b 为常数。

步骤 7：记录并更新当前最优火焰适应度值 F_i。

步骤 8：根据式(6.3)减少火焰的数量，并更新 l=l+1。

$$N_{\text{flame}} = \text{round}\left(N - l\frac{N-l}{l_{\max}} \right) \tag{6.3}$$

式中，l、N 分别为当前迭代次数、最大火焰数目；$l_{\max}$ 最大迭代次数；round(·)
为取整操作。

步骤 9：判断是否达到最大迭代次数，若达到最大迭代次数，则停止搜索和更新，
并输出最佳的火焰位置和相应的适应度值。否则，继续执行步骤 5。

使用 GA、PSO 和 MFO 算法优化 LightGBM 模型的试验结果如图 6.15、图 6.16
及表 6.8 所示。

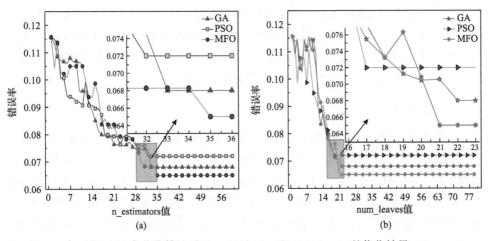

图 6.15 各优化算法对于 n_estimators 和 num_leaves 的优化结果

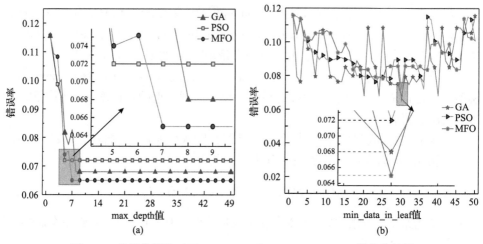

图 6.16　各优化算法对于 max_depth 和 min_data_in_leaf 的优化结果

本试验针对铲齿车刀磨损状态识别任务，使用了本章构建的数据集，对比了 LightGBM、GA-LightGBM、PSO-LightGBM、MFO-LightGBM 四种框架的综合性能，得出的试验结果如表 6.9 所示。

表 6.9　各铲齿车刀磨损状态识别框架试验结果

模型	LightGBM	GA-LightGBM	PSO-LightGBM	MFO-LightGBM
训练集	91.62%	95.29%	94.33%	95.77%
测试集	88.44%	93.27%	92.89%	93.58%

根据表 6.9 的数据分析，可以得出 MFO-LightGBM 在模型训练集和测试集的正确率方面表现更好，相较于优化前的正确率（88.44%），其预测性能提高了 5.14 个百分点，这表明 MFO-LightGBM 方法是可靠的，可以用于铲齿车刀磨损状态识别任务。同时，从表 6.9 中也可以看到，GA-LightGBM 和 PSO-LightGBM 方法在该任务中的表现也有所提高，但相较于 MFO-LightGBM，其性能提升较小。因此，MFO-LightGBM 方法是该任务中较为优秀的方法之一。

4. 试验结论

这些新理论和新方法的提出为解决刀具磨损状态识别中的关键性问题提供了一些有效的方案。过采样算法是一种常见的解决类内类间不均衡和多类不均衡问题的方法，NI-MWMOTE、IA-SUWO 和 SCOTE 等算法则是在过采样算法的基础上进一步优化和改进的。这些算法的应用可以使得刀具磨损状态数据集更加平衡，提高机器学习分类器的性能。智能优化算法可以有效地优化机器学习分类器的超参数，如 GA、PSO 和 MFO 等算法可以帮助选择最佳的超参数，从而提高分类器的性能。在铲齿车刀的磨损状态识别中，应用 MFO-LightGBM 相较于 GA-LightGBM、PSO-LightGBM 表现更为优异，说明了该方法的可靠性。综上所述，本书提出的方法为刀具磨损状态识别提供了一些新思路和新方法，有效地解决了刀具磨损状态识别中的关键性问题，提高了机器学习分类器的性能，具有一定的实用价值。

6.1.2　基于机器学习的轴承智能故障诊断与监测

滚动轴承是旋转类机械的关键组成部分，也是机械设备发生故障的重要来源。同时，它的运行状态直接关系着整个机械系统的性能。因此，及时、有效地监测滚动轴承的状态，可有效预防重大事故的发生。实际上，滚动轴承的故障检测与诊断是一个涉及模式识别的复杂过程，其关键环节包括故障特征信息的提取和状态识别两部分。

1. 轴承故障特征信息提取

综合考虑 ICEEMDAN 和 Shannon 能量熵的优点，采用 ICEEMDAN-Shannon 能量熵的方法对轴承故障原始信号进行特征提取。具体而言，首先采用 ICEEMDAN 方法提取前三个模态分量值，然后分别计算它们的 Shannon 能量熵。计算方法如下：

$$H_j(x) = -\sum_{i=1}^{3} P_j(x_i) \lg P_j^2(x_i), \quad j = 1, 2, 3 \tag{6.4}$$

$$P_j(x_i) = \frac{\left| \mathrm{IMF}_j \right|}{\displaystyle\sum_{j=1}^{3} \left| \mathrm{IMF}_j \right|} \tag{6.5}$$

式中，$H_j(x)$ 为最终的 ICEEMDAN-Shannon 能量熵；IMF_j 为经过 ICEEMDAN 方法模态分解后的值。

2. 测试数据集的选取

本节使用 CWRU 轴承数据库中 SKF 6205-2RS JEM 轴承试验数据 (驱动端) 进行轴承故障诊断的试验验证。该轴承的基本参数为：内径为 0.9843in (1in = 0.0254m)，外径为 2.0472in，厚度为 0.5906in，节径为 1.537in，滚动体直径为 0.3126in，滚动体数目为 9，接触角度为 0°。模拟轴承局部裂纹故障的方法为，在三个轴承的内圈、外圈和滚动体上各加工一道宽度 0.007in、深度 0.011in 的小槽。在 CWRU 轴承数据库的基础上进行试验，所需的轴承数据构造步骤如下。

步骤 1：选择在电动机转速 1797r/min、采样频率 12kHz 的情况下，SKF 6205-2RS JEM 轴承的正常工作数据和三种故障情况下的数据，并从每个数据集中选取 1～100 个时间点的振动信号。

步骤 2：使用 ICEEMDAN-Shannon 能量熵方法处理前 100 个点的振动信号，其中选取 ICEEMDAN 方法处理后的前 3 个模态分量值。

步骤 3：继续向后取 600 组，每组 100 个时间点，同样地每组都选取经 ICEEMDAN 处理后的前 3 个模态分量值。

步骤 4：将正常运行、内圈故障、外圈故障和滚动体故障的前 300 组数据构成训练集，后 300 组数据构成测试集。

步骤 5：从训练集中选择正常样本且随机选择 3 种故障样本，并按照不平衡比例 300/20/20/20（不平衡比 5/1）、300/10/10/10（不平衡比 10/1）、300/5/5/5（不平衡比 20/1）构成不平衡训练集。试验选择 10 组，每组运行 10 次（共 100 次），选取统计平均值作为最终结果。

3. 轴承诊断算法对比及参数设置

将 OABSC 算法与 SMOTE、BSMOTE、谱聚类（spectral clustering, SC）、SVM 等算法在三种不同的样本比例（20/1、10/1、5/1）下的诊断结果进行对比，以凸显 OABSC 算法的优越性[7]。其中，ICEEMDAN 的噪声标准差（Nstd）、实现次数（N）和允许的最大筛选次数（MaxIter）分别为 10^{-5}、5 和 10。为了充分体现 OABSC 算法的优越性，其余算法参数尽可能选取各自算法的最优值，而在取样比例为 20/1、10/1、5/1 时，SMOTE 和 BSMOTE 算法的近邻域参数 k 分别选择为 4、6 和 6。SC 算法保留正负样本相同数量的样本。OABSC 算法参数取值如下：$\delta = 10^{-3}$，$\alpha=0.5$，信息量近邻域参数 K^* 为 4，近邻域密度参数 k 为 4。此外，本书所使用的 SVM 分类器参数为：RBF 核半径参数 δ 分别为 10 和 0.5，惩罚因子 C 为 10。

4. 基于 PSO 的 SVM 分类器参数优化

由于 PSO 算法具有算法简单、控制参数少、可对整个解空间进行搜索等优势，近年来在参数寻优领域得到了广泛应用。基于 PSO 算法的优点，考虑到参数 δ 和 C 对 SVM 分类器效果的影响较大，使用 PSO 对 SVM 分类器的参数 δ 和 C 进行了参数寻优，同时设置初始种群为 20，迭代次数为 100。

5. 轴承故障诊断结果分析

使用上述方法对不均衡轴承数据集进行诊断验证，得到的敏感度、SPE（specificity）、G 均值、F 值、AUC 的结果如表 6.10 所示。同时，图 6.17 展示了

G 均值鲁棒性的结果。

表 6.10　不同诊断方法在不同不均衡比下的诊断结果

(a) δ =10

不均衡比	方法	敏感度	SPE	G 均值	F 值	AUC
5∶1	SMOTE-SVM	0.6541±0.0026	0.9970±0.0011	0.8076±0.0015	0.7904±0.0019	0.8256±0.0012
	BSMOTE-SVM	0.6591±0.0046	0.9987±0.0032	0.8113±0.0019	07943±0.0029	0.8289±0.0014
	OABSC-SVM	0.6640±0.0008	0.9977±0.0016	0.8139±0.0005	0.7977±0.0005	0.8308±0.0007
	SC-SVM	0.6582±0.0120	1.0000±0.0000	0.8113±0.0062	0.7939±0.0064	0.8291±0.0060
	SVM	0.6566±0.0011	1.0000±0.0000	0.8103±0.0008	0.7927±0.0001	0.8283±0.0009
10∶1	SMOTE-SVM	0.6562±0.0020	1.0000±0.0000	0.8101±0.0012	0.7924±0.0014	0.8281±0.0001
	BSMOTE-SVM	0.6597±0.0078	0.9980±0.0063	0.8114±0.0024	0.7946±0.0047	0.8288±0.0012
	OABSC-SVM	0.6628±0.0015	0.9990±0.0016	0.8137±0.0009	0.7970±0.0010	0.8309±0.0008
	SC-SVM	0.6573±0.0022	1.0000±0.0000	0.8108±0.0013	0.7932±0.0016	0.8287±0.0011
	SVM	0.6566±0.0028	1.0000±0.0000	0.8103±0.0018	0.7927±0.0021	0.8283±0.0014
20∶1	SMOTE-SVM	0.6566±0.0018	1.0000±0.0000	0.8103±0.0011	0.7927±0.0013	0.8283±0.0001
	BSMOTE-SVM	0.6591±0.0124	0.9883±0.0212	0.8070±0.0027	0.7926±0.0058	0.8237±0.0049
	OABSC-SVM	0.6590±0.0043	0.9997±0.0011	0.8116±0.0025	0.7944±0.0031	0.8293±0.0019
	SC-SVM	0.6499±0.0017	0.9987±0.0017	0.8056±0.0001	0.7876±0.0011	0.8243±0.0001
	SVM	0.6398±0.0151	0.9977±0.0016	0.7989±0.0090	0.7799±0.0111	0.8187±0.0070

(b) δ =0.5

不均衡比	方法	敏感度	SPE	G 均值	F 值	AUC
5∶1	SMOTE-SVM	0.9698±0.0072	1.0000±0.0000	0.9848±0.0037	0.9846±0.0037	0.9849±0.0036
	BSMOTE-SVM	0.9879±0.0111	0.9949±0.0083	0.9912±0.0047	0.9930±0.0050	0.9913±0.0046
	OABSC-SVM	0.9903±0.0035	0.9963±0.0046	0.9933±0.0015	0.9945±0.0013	0.9933±0.0015
	SC-SVM	0.9296±0.0121	1.0000±0.0000	0.9641±0.0062	0.9635±0.0064	0.9648±0.0016
	SVM	0.9766±0.0101	0.9973±0.0021	0.9869±0.0047	0.9877±0.0050	0.9869±0.0046

续表

不均衡比	方法	敏感度	SPE	G 均值	F 值	AUC
10∶1	SMOTE-SVM	0.9684±0.0093	1.0000±0.0000	0.9841±0.0047	0.9839±0.0048	0.9842±0.0046
	BSMOTE-SVM	0.9726±0.0160	0.9967±0.0094	0.9845±0.0067	0.9855±0.0074	0.9846±0.0066
	OABSC-SVM	0.9842±0.0066	0.9990±0.0016	0.9916±0.0031	0.9919±0.0033	0.9916±0.0030
	SC-SVM	0.8808±0.0213	1.0000±0.0000	0.9384±0.0113	0.9365±0.0119	0.9404±0.0106
	SVM	0.9700±0.0120	1.0000±0.0000	0.9849±0.0061	0.9847±0.0062	0.9850±0.0060
20∶1	SMOTE-SVM	0.9490±0.0216	0.9993±0.0014	0.9738±0.0107	0.9736±0.0113	0.9742±0.0104
	BSMOTE-SVM	0.9589±0.0199	0.9983±0.0032	0.9784±0.0094	0.9786±0.0100	0.9786±0.0092
	OABSC-SVM	0.9696±0.0149	1.0000±0.0000	0.9846±0.0076	0.9845±0.0077	0.9848±0.0074
	SC-SVM	0.9711±0.0079	0.9610±0.0366	0.9658±0.0173	0.9798±0.0057	0.9661±0.0170
	SVM	0.9582±0.0114	1.0000±0.0000	0.9789±0.0058	0.9786±0.0060	0.9791±0.0057

（c）PSO 参数

不均衡比	方法	敏感度	SPE	G 均值	F 值	AUC
5∶1	PSO-OABSC-SVM	0.9921±0.0052	0.9990±0.0016	0.9955±0.0025	0.9959±0.0026	0.9956±0.0025
10∶1	PSO-OABSC-SVM	0.9895±0.0064	0.9993±0.0021	0.9944±0.0032	0.9946±0.0032	0.9944±0.0022
20∶1	PSO-OABSC-SVM	0.9814±0.0166	1.0000±0.0000	0.9906±0.0084	0.9906±0.0086	0.9907±0.0083

分析表 6.10 及图 6.17 可知：

（1）在不同 δ 和三种不同不均衡比下，相对于 SMOTE、BSMOTE、SC 和 SVM 等典型算法，OABSC 算法的 G 均值准确率最高和鲁棒性最优，这表明在数据呈多簇（多类）分布的失衡轴承故障诊断领域中，OABSC 算法比 SMOTE、BSMOTE 等算法更加适用；OABSC 算法的 AUC 值也均高于 SMOTE、BSMOTE、SC 和 SVM 等算法，说明 OABSC 算法的采样模型更加准确。陶新民等[8]已经证明，相对于单一故障，SC 的采样性能优于 SMOTE、BSMOTE 等过采样算法。但通过试验结果的对比，可以发现 OABSC、SMOTE 和 BSMOTE 三种过采样算法的鲁棒性整体上强于以 SC 为代表的欠采样算法。这表明 SC 等欠采样算法不适用于数据

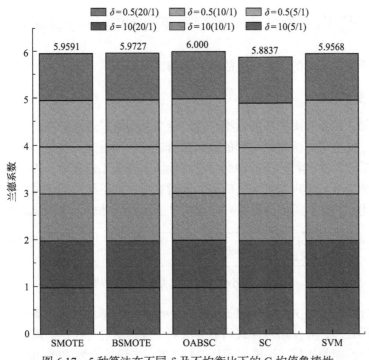

图 6.17　5 种算法在不同 δ 及不均衡比下的 G 均值鲁棒性

呈多簇分布的失衡轴承故障诊断，甚至其诊断效果不如直接使用 SVM 进行诊断的效果，原因在于，在数据量有限且呈多簇分布的情况下，欠采样更容易删除掉含有重要信息的样本点。

（2）由表 6.10(a) 和 (b) 可以看出，随着不均衡比例的增加，OABSC 等算法的诊断效果都呈下降趋势，因为随着正类样本（故障样本）的减少，所提供的信息也相应地减少。尽管 OABSC 算法的诊断效果下降幅度高于 SMOTE、BSMOTE 等过采样算法，但是 OABSC 算法仍然保持了诊断结果最优的特点，这表明即使在数据量减少的情况下，OABSC 算法依然可以保持较大的优势。

（3）在分类器参数优化方面，由表 6.10(a) 和 (b) 的分析可以得知，针对不同的 δ 值，OABSC 等算法的诊断效果有很大差异，因此，在数据呈多簇不均衡分布的情况下，对 SVM 分类器的参数 δ 和 C 进行优化是非常必要的。PSO 算法优化后，与 OABSC 算法相比，PSO-OABSC 算法的效果更为突出（表 6.10(c)）。综上所述，在轴承数据呈多簇分布的失衡轴承故障诊断领域，OABSC 算法相比于现有的 SMOTE、BSMOTE 和 SC 等算法，在正常样本和故障样本诊断的综合识别率、算法的鲁棒性和模型精度方面都具有更好的效果。

6.2 基于深度学习的典型零部件智能故障诊断与监测

6.2.1 基于深度学习的刀具智能故障诊断与监测

1. 信号预处理

车间加工设备和周围环境的噪声难以避免，为减轻这些噪声对后续算法的影响，采用小波去噪方法对采集到的原始信号进行去噪处理。这是因为较低的信噪比会影响后续算法的特征提取和磨损状态检测。在加工过程中，刀具采集到的原始信号中的信号和噪声频带无法确定，同时去噪过程不能考虑信号中的奇异点。因此可采用小波系数阈值去噪法对原始信号进行去噪处理，流程如图 6.18 所示。

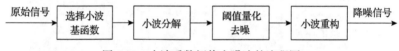

图 6.18　小波系数阈值去噪法的流程图

选用分解尺度为 3 级的 Daubechies 和 Symlet 小波基函数对采集的三轴振动信号进行去噪处理，并使用启发式阈值方法对小波阈值进行确定。通过对不同小波基函数去噪性能的比较，选取信噪比 24.12dB、去噪性能最优的 db8 小波分解去噪。考虑到深度学习训练过程中需要足够多的样本数量，信号去噪之后需缩小和统一样本尺度，以满足对检测速度和样本数量的需求。原始加工信号的数据样本为长序列周期性的时序信号，根据信号采样原理，将每次刀具进给产生的振动信号裁剪为多个长度为 2000 的短序列时序信号，以减少网络训练时的计算强度。同时，通过数据扩充方法增加试验数据，提高网络的鲁棒性，并降低过拟合的风险。具体处理步骤为：对每个采样信号截取连续的 100000 个点，将这些点分为 50 个样本，每个样本包含 2000 个数据点，所有的样本对应相同的磨损状态标签。

2. 神经网络模型

将 CNN 和 RNN 融合的机器学习方法应用于刀具磨损状态实时监测任务中，构建包含 CNN 和双向门控循环单元(bidirectional gate recurrent unit, BiGRU)的网络模型[9]，有效解决了单卷积神经网络忽略时序信号前后关联的问题，并避免了循环神经网络引发的梯度弥散和梯度爆炸问题，同时引入注意力(attention)机制以进一步提高模型预测的准确率，该网络模型称为 CABGRUs(convolutional neural network and bidirectional gated recurrent units with attention mechanism)。

1)单个时间步时序信号局部特征提取

采用一维 CNN 处理刀具加工过程中产生的时序信号。该网络包括两个卷积层和一个池化层, 卷积层采用一维卷积运算对时序信号进行邻域滤波, 生成特征映射。每个特征映射可以看作是不同滤波器对当前时间步的时序信号进行卷积操作的结果。当输入时序信号为 x 时, 卷积核的权重向量为 w, 采样总数为 m, 卷积核的大小为 n, *表示卷积操作, 卷积层的输出特征图 y 可以表达为

$$y = x * w = \sum_{i=0}^{m} x(i) \cdot w(n-i) \tag{6.6}$$

在卷积层中, 第 l 层的每一个神经元都只和第 l–1 层的一个局部窗口内神经元相连, 构成一个局部连接网络。一维卷积层的计算公式如下:

$$x_j^l = f\left(\sum_{i \in M_j} x_i^{l-1} \cdot \omega_{ij}^l + b_j^l \right) \tag{6.7}$$

式中, x_j^l 为第 l 层的第 j 个特征映射; $f(\cdot)$ 为激活函数; M_j 为输入特征向量; x_i^{l-1} 为第 l–1 层的第 i 个特征映射; ω_{ij}^l 为可训练的卷积核; b_j^l 为偏置参数。考虑到收敛速度和过拟合问题, 选用收敛速度较快的修正线性单元用于提高网络的稀疏性, 减少参数的相互依存关系, 缓解过拟合现象的发生。ReLU 激活函数如下:

$$a_i^{l+1}(j) = f(y_i^{l+1}(j)) = \max\{0, y_i^{l+1}(j)\} \tag{6.8}$$

式中, $y_i^{l+1}(j)$ 为卷积操作的输出值; $a_i^{l+1}(j)$ 为 $y_i^{l+1}(j)$ 的激活值。

卷积层后面连接池化层, 用于求取局部最大值或局部均值, 即最大值池化和均值池化。池化层具有类似于特征选择的功能, 可以保证特征在拥有抗变形能力的同时, 达到降低特征维度, 加快网络训练速度, 减少参数数量, 提高特征鲁棒性的目的。选用最大值池化对邻域内的特征点取最大值。通过一维 CNN 对原始数据自适应的特征提取, 减少了后续网络的输入参数, 计算速度得到提升。同时, 特征图在向量维度上有所减小, 振动信号的特征得到凸显, 便于后续的神经网络进行时间序列特征提取。

2)时序信号时间序列特征提取

刀具加工过程中产生的原始信号存在时序关系, RNN 可以对时序信号时间序列进行编码, 挖掘时间序列中相对较长间隔的时序变化规律。为了让刀具磨损状态实时监测模型更好地学习到时序信号间时间序列特征的依赖关系, 提高模型分类的准确率, 对现有的 GRU 网络进行改进, 通过构建两个双向 GRU 网络共同叠加组成网络, 同时引入注意力机制, 增加注意力层, 以便模型能够同时从正向和反向提取时序信号特征, 并有选择地学习关键信息。

图 6.19 为 GRU 网络神经元内部结构图。令 $\tilde{h}_t$ 表示在时间步 t 时的候选隐藏

状态；h_t 表示在时间步 t 时的隐藏状态，x_t 表示在时间步 t 时的输入向量。更新门 z_t 用于控制当前状态更新了多少状态信息，重置门 r_t 用于控制从先前状态中移除哪些状态信息，具体公式如下：

$$r_t = \sigma(x_t W_{xr} + h_{t-1} W_{hr} + b_r) \tag{6.9}$$

$$z_t = \sigma(x_t W_{xz} + h_{t-1} W_{hz} + b_z) \tag{6.10}$$

$$\tilde{h}_t = \tanh(x_t W_{xh} + (r_t \odot h_{t-1}) W_{hh} + b_h) \tag{6.11}$$

$$h_t = z_t \odot h_{t-1} + (1 - z_t) \odot \tilde{h}_t \tag{6.12}$$

式中，W_{xr} 和 W_{hr} 表示重置门的权重向量；W_{xz} 和 W_{hz} 表示更新门的权重向量；W_{xh} 和 W_{hh} 表示候选隐藏状态的权重向量；b_r、b_z、b_h 表示偏置参数向量；$\odot$ 表示矩阵点乘；$\sigma(\cdot)$ 表示 Sigmod 函数；tanh 表示双曲正切激活函数。

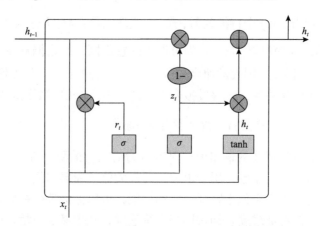

图 6.19 GRU 网络神经元内部结构图

输入时序信号的高维特征：经前向 GRU 网络输出隐藏状态 $\vec{h}_t$，后向 GRU 网络输出隐藏状态 $\overleftarrow{h}_t$，以及在时间步 t 时 CABGRUs 网络输出隐藏状态 P_t，它们可分别表示为

$$\vec{h}_t = \mathrm{GRU}(\vec{h}_t, e(\omega_t)) \tag{6.13}$$

$$\overleftarrow{h}_t = \mathrm{GRU}(\overleftarrow{h}_t, e(\omega_t)) \tag{6.14}$$

$$P_t = [\vec{h}_t \oplus \overleftarrow{h}_t] \tag{6.15}$$

另外，引入的注意力机制是一种类似人类视觉所特有的大脑信号处理机制，通过分配不同的初始化概率权重与 BiGRU 层的各个时间步输出向量进行加权求和，然后代入 Sigmod 函数中，进行最终的计算并得到数值，实现从大量信号特

征中有选择地过滤出部分关键信息并进行聚焦，具体公式如下：

$$u_t = \tanh(W_s P_t + b_s) \tag{6.16}$$

$$\alpha_t = \text{Softmax}(u_t^{\text{T}}, u_s) \tag{6.17}$$

$$v = \sum \alpha_t P_t \tag{6.18}$$

式中，P_t 表示 BiGRU 层在时间步 t 时的输出特征向量；u_t 表示 P_t 通过神经网络层得到的隐层表示；α_t 表示 u_t 通过 Softmax 函数归一化得到的重要性权重；u_s 表示随机初始化的上下文向量；v 表示最终文本信息的特征向量。u_s 在训练过程中随机生成，最后经由 Softmax 函数将注意力层输出值 v 进行映射，得到刀具磨损状态的实时分类结果。图 6.20 为 CABGRUs 网络结构示意图。

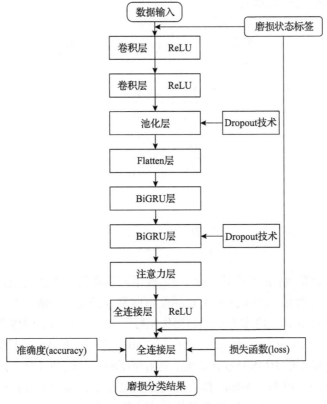

图 6.20　CABGRUs 网络结构示意图

CABGRUs 神经网络的输入数据包括时序信号和磨损状态标签，时序信号的特征提取与表达通过 2 个卷积层、1 个池化层、1 个 Flatten 层、2 个双向 BiGRU 层、1 个注意力层和 2 个全连接层实现。

3)模型训练

为防止模型在训练过程中发生过拟合，在刀具磨损状态实时监测模型中引入 Dropout 技术。网络模型的激活函数采用 Softmax，损失函数采用 Categorical_crossentropy 函数，对所获得的时序信号特征进行磨损分类：

$$y = \mathrm{Softmax}(v) = \frac{e^{vi}}{\sum\limits_{m=1}^{M} e^{vm}} \tag{6.19}$$

其中，y 为一个维度为类别数量大小的向量，其每一维度的值都在[0,1]，且所有维度的和为 1，该值代表该刀具磨损状态属于某个类别的概率；M 为可能的类别个数。在模型的训练过程中，通过 Categorical_crossentropy Loss 训练整个模型。损失函数，即交叉熵误差为

$$L = -\sum_{i=1}^{n} \hat{y}_{i1} \lg y_{i1} + \hat{y}_{i2} \lg y_{i2} + \cdots + \hat{y}_{im} \lg y_{im} \tag{6.20}$$

$$\frac{\partial L}{\partial y_{i1}} = -\sum_{i=1}^{n} \frac{\hat{y}_{i1}}{y_{i1}} \tag{6.21}$$

$$\frac{\partial L}{\partial y_{i2}} = -\sum_{i=1}^{n} \frac{\hat{y}_{i2}}{y_{i2}} \tag{6.22}$$

$$\vdots$$

$$\frac{\partial L}{\partial y_{im}} = -\sum_{i=1}^{n} \frac{\hat{y}_{im}}{y_{im}} \tag{6.23}$$

式中，m 表示分类数；n 表示样本数；$\hat{y}_{im}$ 表示刀具磨损状态真实类别标签向量中的第 i 个值；y_{im} 表示 Softmax 分类器的输出向量 y 的第 i 个值。对于所获得的交叉熵误差，最后取其平均作为模型的损失函数。在训练模型的时候采用自适应矩估计(adaptive moment estimation)算法(简称 Adam 算法)来最小化目标函数，其本质上是带有动量项的 RMSprop 优化器，利用梯度的一阶矩估计和二阶矩估计动态调整每个参数的学习率。Adam 算法的优点主要在于，经过偏置校正后，每一次迭代学习率都有确定范围，这使得参数变化比较平稳。

3. 试验结果分析

1)深度学习模型对比

首先对铣刀加工过程中产生的原始信号进行小波去噪，进行采样裁剪，然后

将预处理后的数据输入到深度学习神经网络模型中。模型通过自适应地提取时序信号中隐含的高维特征，计算模型实际输出值与真实值之间的误差距离，采用Adam 算法使损失函数值下降并不断更新网络权重，以提高模型的性能。为验证所提深度学习神经网络 CABGRUs 的性能，选取基于 CNN 的轴承故障诊断算法、基于 BiGRU 网络的轴承和齿轮寿命预测算法以及基于 CBLSTMs 网络的刀具寿命预测算法与它进行对比。其中，CBLSTMs 网络是由 CNN 和双向的 LSTM 网络构成。在训练过程中，四个模型设置相同的训练参数，具体的训练参数如表 6.11所示。

表 6.11　模型具体训练参数

参数	CNN	BiGRU	CBLSTMs	CABGRUs
基础学习率	0.001	0.001	0.001	0.001
学习策略	Step	Step	Step	Step
随机失活	0.5	0.5	0.5	0.5
迭代次数/次	50	50	50	50
批处理数据	16	16	16	16
优化算法	Adam	Adam	Adam	Adam

经 CNN、BiGRU、CBLSTMs、CABGRUs 模型输出的训练集和验证集的准确率以及损失函数值如图 6.21～图 6.24 所示。

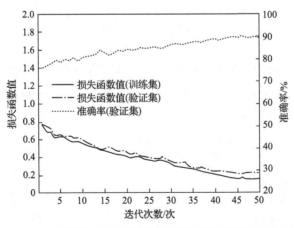

图 6.21　CNN 模型输出的训练集和验证集的准确率及损失函数值

由图 6.21 可以看出，深度学习网络模型在训练集上的损失函数值随着迭代次数的增加逐渐减小，收敛于稳定值，验证集的损失函数值呈周期性波动。CNN 和BiGRU 网络模型的损失函数值波动幅度较大，而 CBLSTMs 和 CABGRUs 网络模

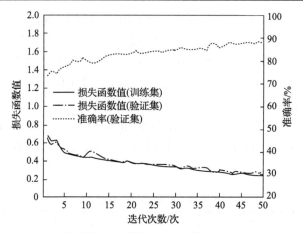

图 6.22　BiGRU 模型输出的训练集和验证集的准确率及损失函数值

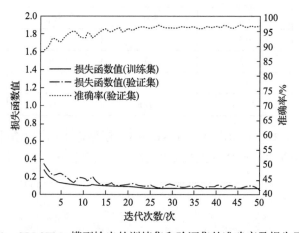

图 6.23　CBLSTMs 模型输出的训练集和验证集的准确率及损失函数值

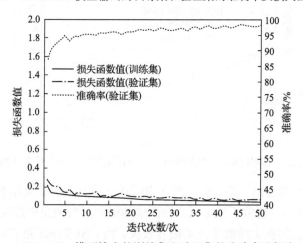

图 6.24　CABGRUs 模型输出的训练集和验证集的准确率及损失函数值

型相对较为平稳，且损失函数值总体不断递减并最终收敛，没有出现梯度爆炸或弥散现象。CNN 和 BiGRU 网络模型的验证集准确率分别为 89.75%和 88.02%，预测精度较低，说明单独使用深度学习网络无法很好地捕获刀具振动信号中的隐藏特征。相比之下，CABGRUs 网络模型由于结构较深，能够更好地挖掘更深层次的特征。CNN 模型可以提取时序信号中的局部特征并压缩时序信号特征的长度，使得网络能够学习到时序信号之间的时间序列特征依赖关系，从而提高模型的预测能力。

相对于 CBLSTMs 网络模型，CABGRUs 网络模型表现出更高的预测精度。CBLSTMs 使用双层双向 LSTM 网络，可以同时从正向和反向提取时序信号特征，从而挖掘出更多丰富的信息特征，经过 22 次迭代，其验证集的准确率稳定在 96%以上，50 次迭代后准确率为 96.75%。CABGRUs 网络模型在 CBLSTMs 网络模型的基础上，改进了神经元内部结构，并引入了注意力机制。该机制可以从大量信息中选择性地过滤出关键信息并进行聚焦，从而减少长序列文本中关键信息特征的丢失。经过 20 次迭代，CABGRUs 模型验证集准确率稳定在 96%以上，50 次迭代后准确率达到 98.02%，其损失函数值为 0.0595，说明网络稳定性较高。

2) 机器学习模型对比

选取传统刀具磨损状态监测模型中常用的 BPNN、SVM、HMM 和模糊神经网络(fuzzy neural net, FNN)，与所提出的 CABGRUs 网络进行对比。采用小波系数阈值去噪法对加速度传感器采集的原始信号进行去噪处理。根据表 6.12 所示提取方式提取数据的时域、频域和时频域特征。利用皮尔逊相关系数法反映特征与磨损量间的相关程度，并选取相关系数大于 0.9 的特征作为提取对象，实现特征降维。将提取的特征作为机器学习模型的输入。

表 6.12　机器学习模型特征提取类目录

特征属性	特征类目	变换方式
时域特征	最大值，平均值，均方根，方差，标准差，偏度，峰度，峰值，峰值系数	统计计算
频域特征	功率谱最大值，频段能量值，平均值，方差，偏度，峰度，频段峰值	傅里叶变换
时频域特征	节点能量值	小波包变换

表 6.13 显示了机器学习和深度学习预测的准确率，可以看出，传统的机器学习模型的准确率差异较大，这是由于人工特征提取的不稳定性及模型构建的影响；所提出的深度学习模型通过自适应地提取高维特征和合理的网络深度设计，在无数据预处理的前提下获得了较为理想的预测结果。与机器学习算法 BPNN、SVM、HMM 相比，CABGRUs 模型的预测准确率明显更高，但 FNN 的预测准确率达到了 94.24%，是因为 FNN 利用神经网络来学习模糊系统的规则，根据输入输出的学习样本自动设计和调整模糊系统的设计参数，实现模糊系统的自学习和自适应功能。从性能方面

来看，所提出的方法与其他算法模型相比也有较大的提升。CABGRUs 模型的测试样本速度可以达到 8ms，满足工业实际生产时对刀具磨损状态进行实时监测的要求。

表 6.13　机器学习和深度学习预测的准确率

预测方法	模型	数据	准确率/%
机器学习	BPNN	测试集	84.85
	SVM	测试集	91.92
	HMM	测试集	85.76
	FNN	测试集	94.24
深度学习	CNN	测试集	88.18
	BiGRU	测试集	86.97
	CBLSTMs	测试集	95.45
	CABGRUs	测试集	97.58

6.2.2　基于深度学习的轴承智能故障诊断与监测

1. 短时傅里叶变换、生成对抗网络以及自注意力模块

1) 短时傅里叶变换

短时傅里叶变换 (short-time Fourier transform, STFT) 是一种时频分析方法，主要应用于非平稳信号的分析。其基本思想是将一个长的时间序列分割成多个窗口，在每个窗口内进行傅里叶变换，以获得窗口内的局部频谱信息。通过将每个窗口内的频谱信息进行叠加，得到整个时间序列的频谱分布。STFT 的数学表达式为

$$F(t,\omega) = \int_{-\infty}^{\infty} f(t)g(t-\tau)\mathrm{e}^{-i\omega t}\mathrm{d}t \tag{6.24}$$

式中，$g(t-\tau)$ 为 τ 时刻的滑动窗；$f(t)$ 为时域信号。

2) 生成对抗网络

生成对抗网络 (generative adversarial networks, GAN) 主要由生成器 G 与鉴别器 D 两个模块组成。生成器主要用于接收已知分布的随机噪声 z，并尽力输出与真实样本分布一致的假样本 $G(z)$；鉴别器则用于接受混合有真实样本与假样本的数据集，并尽力从中辨别出真实样本与假样本。生成器与鉴别器通过不断地博弈学习来提高各自拟合真实样本的能力与鉴别真假样本的能力。

由于 JS 散度导致 GAN 出现训练不稳定、模式崩塌等问题，故引入一种新的分布度量距离，即 Wasserstein 距离，定义为

$$W(p,q) = \inf_{r \sim \prod(p,q)} \left\{ E_{(x,y) \sim r} \left[\|x - y\| \right] \right\} \tag{6.25}$$

式中，$\prod(p,q)$ 表示分布 p、q 的联合分布；(x,y) 采样自联合分布 r；$E_{(x,y)\sim r}\left[\|x-y\|\right]$ 为距离 $\|x-y\|$ 的期望；$\inf\{\cdot\}$ 表示集合的下界；$W(p,q)$ 为分布 p、q 的 Wasserstein 距离。

　　Wasserstein 距离生成对抗网络（Wasserstein generative adversarial network, WGAN）从理论层面上分析了 GAN 训练不稳定的原因，并有效解决了问题。然而，WGAN 权重裁剪的实现方式存在两个问题：一是网络的权重大部分都集中在两端，使得神经网络的学习变成了简单的函数映射；二是对网络权重的强制裁剪容易造成梯度消失或梯度爆炸。为解决以上问题，一种带有梯度惩罚的 WGAN 被提出（简称 WGAN-GP），该方法采用增加梯度惩罚项的方式来迫使判别器满足 1-Lipschitz 函数约束。将梯度值约束在 1 周围时，该网络的效果会更好。梯度惩罚项的定义为

$$\gamma_{GP} = E_{\hat{x}\sim P_{\hat{x}}}[(\|\nabla_{\hat{x}}D(\hat{x})\|_2 - 1)^2] \tag{6.26}$$

式中，γ_{GP} 为梯度惩罚项；$P_{\hat{x}}$ 表示 $\hat{x}$ 的分布；$\nabla_{\hat{x}}D(\hat{x})$ 为判别器梯度。相对于 WGAN，WGAN-GP 收敛速度更快，生成样本质量更好。

　　3）自注意力模块

　　自注意力模块一共有 FC1、FC2、FC3 三个全连接层、两个 ReLU 激活函数和一个 Sigmoid 激活函数，自注意力模块实现如图 6.25 所示。

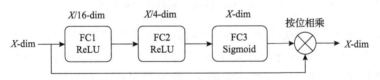

图 6.25　自注意力模块示意图

　　首先，该方法通过三个全连接层来实现自注意力模块。其中，第一个全连接层将特征维度压缩到输入特征维度的 1/16，第二个全连接层将特征维度增加到输入特征维度的 1/4，并分别采用 ReLU 激活函数。第三个全连接层将特征维度恢复到输入特征维度，并采用 Sigmoid 激活函数将输出限制在[0,1]范围内。这样设计的目的是提高自注意力模块对振动信号中复杂故障特征的非线性拟合能力，同时使用全连接层和 ReLU 激活函数可以减少参数量和计算量。最后，将权重值与输入特征的元素按位相乘来实现自注意力模块。这种设计可以提高模型对振动信号中的特征信息的关注度，进而提高模型的预测准确性。

　　2. 基于 WGAN-GP 和 SeCNN 的轴承故障诊断方法

　　针对轴承振动信号易受负载不平衡干扰/故障样本数量少等问题，何强等提出基于 WGAN-GP 和有自注意力机制的卷积神经网络（简称 SeCNN）的轴承故障诊

断方法[10]。该方法的诊断过程如下：首先对轴承振动信号进行短时傅里叶变换，得到信号的时频谱图，分为训练集、验证集和测试集；然后将训练集输入到WGAN-GP中进行对抗训练，直至网络收敛，从生成器中生成与训练样本分布相似的新样本，将新样本添加到训练集中以扩充训练集；最后，将扩充后的训练集输入到 SeCNN 中进行训练，并将训练好的模型应用于测试集，输出故障识别结果。

1) 使用 WGAN-GP 生成时频谱样本

在工业应用中，轴承故障数据收集通常很难，因此只能利用少量的时频谱样本来训练 WGAN-GP 并生成与真实样本分布相似的时频谱样本。基于 WGAN-GP 模型生成的高质量时频谱样本能够进一步丰富原始数据集、提高诊断模型的鲁棒性，从而有助于实现轴承故障的精确诊断。WGAN-GP 模型结构示意图见图 6.26。

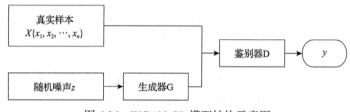

图 6.26　WGAN-GP 模型结构示意图

生成器的输入为随机噪声 z，它采样自区间[–1, 1]的均匀分布；生成器的输出为合成样本 $G(z)$，其分布与真实样本 X 分布相似。鉴别器的输入为真实样本 X 或合成样本 $G(z)$，输出为线性函数值 y。因为卷积运算在特征提取上的能力已被证明，所以 WGAN-GP 的鉴别器和生成器主要由卷积与转置卷积构成。生成器与鉴别器的详细结构图见图 6.27。

在生成器 G 中，输入为服从均匀分布的随机噪声 z，噪声维度为 200。该输入先经过全连接层 F1 扩维，然后将数据重组为三维张量并使用 LeakyReLU 函数作为激活函数，最后通过三层转置卷积操作生成大小为(65, 65, 1)的张量。第一层转置卷积的卷积核个数为 256，大小为 3，步长为 3，LeakyReLU 函数作为激活函数；第二层转置卷积的卷积核个数为 128，大小为 5，步长为 2，LeakyReLU 函数作为激活函数；第三层转置卷积的卷积核个数为 1，大小为 5，步长为 3，使用 tanh 激活函数。在鉴别器 D 中，共有 3 个卷积层，卷积核大小均为 4，步长均为 2，卷积核个数分别为 64、128、256，均将 LeakyReLU 函数作为激活函数；最后一层为有 1 个节点的全连接层，不使用激活函数。在训练 WGAN-GP 时可以用鉴别器的损失函数值来反映模型训练进度，鉴别器损失函数值越趋向于收敛就代表模型训练得越好，生成的样本质量越高。鉴别器的损失函数值定义如下：

$$\max_{\theta} L(\mathrm{G},\mathrm{D}) = E_{x_r \sim P_r}[D(x_r)] - E_{x_f \sim P_g}[D(x_f)]$$
$$- \lambda E_{\hat{x} \sim P_{\hat{x}}}\left[\left(\left\|\nabla_{\hat{x}} D(\hat{x})\right\|_2 - 1\right)^2\right] \tag{6.27}$$

式中，$x_r \sim P_r$ 表示真实数据的分布；$x_f \sim P_g$ 表示生成数据的分布；$\hat{x}$ 为 x_r 与 x_f 的线性差值；θ 为网络参数；$L(\mathrm{G},\mathrm{D})$ 为鉴别器的损失函数值；$E_{x_f \sim P_g}[D(x_f)]$ 为 Wasserstein 距离；$\lambda E_{\hat{x} \sim P_{\hat{x}}}\left[\left(\left\|\nabla_{\hat{x}} D(\hat{x})\right\|_2 - 1\right)^2\right]$ 为梯度惩罚项。在 WGAN-GP 训练中，基于上述损失函数，迭代更新模型参数。采用 Adam 算法的优化器，鉴别器学习率为 0.0001，生成器学习率为 0.0002，两者交替训练直至鉴别器损失函数值收敛。

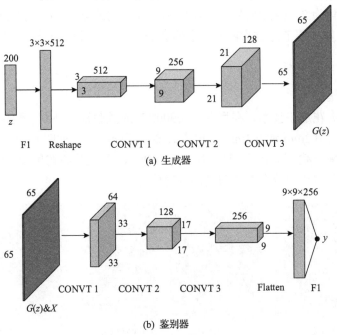

(a) 生成器

(b) 鉴别器

图 6.27　生成器与鉴别器的详细结构

2) 使用 SeCNN 训练样本

SeCNN 是一种基于自注意力机制的卷积神经网络，它可以提高轴承故障特征提取能力并减小不平衡负载对数据的影响，从而实现轴承故障抗干扰诊断。SeCNN 的输入为混合了真实时频谱样本和生成时频谱样本的训练集，通过验证集识别准确率来指示 SeCNN 模型的训练进度。训练好的 SeCNN 模型用于测试集识别，并输出识别结果。SeCNN 主要由最大池化层、卷积层及自注意力模块组成，其结构图如图 6.28 所示。

在 SeCNN 中，卷积层 CONVT1 和 CONVT2 的卷积核大小均为 3，步长均为

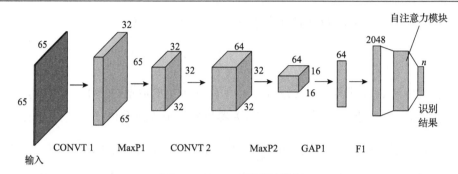

图 6.28   SeCNN 模型结构图

1，卷积核个数分别为 32 和 64，使用 ReLU 激活函数；池化层 MaxP1 和 MaxP2 的窗口大小均为 2，步长均为 2；GAP1 为全局平均池化层；F1 为全连接层，节点数为 2048；输出层节点数为输入样本的类别数 n，采用 Softmax 激活函数。

3. 试验结果分析

1）数据集描述

采用电火花加工技术，在型号为 6900ZZ 的试验轴承外圈、滚珠、内圈上分别加工直径为 0.2mm 和 0.3mm 的单点故障、复合故障，如图 6.29 所示。为了构建轴承不平衡负载，采用了两种方法：第一种是将负载分布在负载盘的单点位置；第二种是将负载均匀分布在负载盘的半边位置。

(a) 外圈故障   (b) 内圈故障   (c) 球体故障   (d) 复合故障

图 6.29   轴承故障的位置

2）WGAN-GP 模型训练及数据生成

使用第一种负载不平衡轴承数据训练集来训练 WGAN-GP 模型，训练次数为 2000，批处理样本数为 10。每种故障类型生成 100 个时频谱样本。训练集进行了区间为[–1, 1]的归一化处理。模型采用深度学习框架 Tensorflow 进行搭建和训练，并记录鉴别器的损失函数值以获得合成样本。鉴别器损失函数值变化曲线如图 6.30 所示。

根据图 6.30 可以观察到，鉴别器的损失函数值最初出现大幅振荡，但随后快

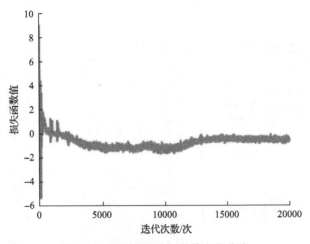

图 6.30　鉴别器损失函数值变化曲线

速收敛，之后又出现了小幅振荡，说明模型仍处于学习阶段，没有找到最优解方向。经过 15000 次迭代后，鉴别器的损失函数值开始小幅波动并趋于平稳，这表明 WGAN-GP 已经完成了良好的训练，生成器合成的时频谱样本分布与故障样本分布非常接近。训练完成后，从生成器中获取合成的时频谱样本。图 6.31 给出了标签为 1~6 的真实样本及其时频谱图和对应的合成样本时频谱图。由图 6.31 可以发现，合成样本的时频谱图与真实样本时频谱图非常相似，但又不完全相同，这表明模型不仅有效地学习了故障特征，而且确保了合成样本的高质量和多样性。

　　3）SeCNN 模型训练及合成样本质量评估

　　SeCNN 模型使用 Adam 算法优化器更新模型参数，学习率为 0.001，批处理样本数目为 10，并设置了 100 次的训练次数。然而，SeCNN 采用了早停（early-stopping）机制，如果在一定的训练次数内，模型的验证集准确率没有提高，则停止训练并保存模型参数。从图 6.32 所示的训练集和验证集准确率变化曲线可以看出，模型在第 59 次训练时就达到了停止条件，训练集准确率和验证集准确率趋向于重合。这表明模型被充分训练，并且没有出现过拟合现象。

　　为了进一步评估合成样本的质量及合成样本数量对 SeCNN 模型学习的影响，每类故障分别生成 100、200、500、1000 个样本，将生成的样本与初始训练集混合组成新的训练集输入到 SeCNN 中，并将训练好的 SeCNN 模型应用于测试集。为了避免试验结果受随机因素的影响，每次测试均进行 10 次重复性试验，计算出模型的平均准确率及其标准差，试验结果如表 6.14 所示。表中，SeCNN 表示没有向训练集中添加合成样本，SeCNN_100、SeCNN_200、SeCNN_500、SeCNN_1000 表示向训练集每类故障分别添加 100、200、500、1000 个合成样本。

　　根据表 6.14 所示试验结果，当每类故障向训练集添加 500 个合成样本时，

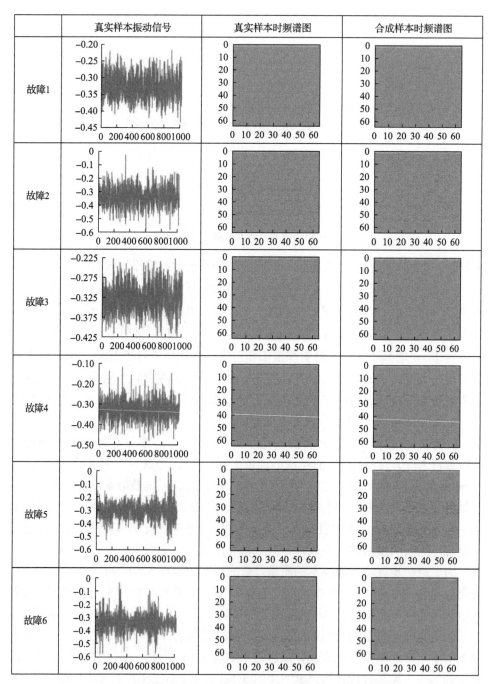

图 6.31　真实样本及其时频谱图与合成样本时频谱图

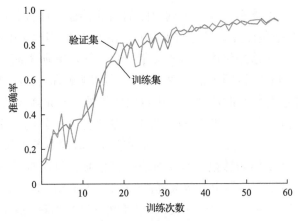

图 6.32　训练集及验证集准确率变化曲线

表 6.14　生成不同样本的数量对模型 SeCNN 的影响

试验方法	平均准确率/%	准确率标准差/10^{-4}
SeCNN	91.22	12.96
SeCNN_100	92.20	4.071
SeCNN_200	93.75	2.529
SeCNN_500	94.23	2.334
SeCNN_1000	94.42	0.4403

SeCNN 模型的平均准确率提高了 3.01%，达到了 94.23%。此外，添加合成样本也降低了准确率标准差达到了 82% 的效果，表明合成样本能够提高模型的鲁棒性和稳定性。值得注意的是，SeCNN_1000 相对于 SeCNN_500 只提高了 0.19% 的平均准确率，而准确率标准差却减小了 81.13%，这表明大量数据对基于深度学习的故障诊断模型具有显著的泛化能力和稳定性提高作用。因此，通过使用 WGAN-GP 合成样本，不仅可以提高模型性能，还可以提高模型的鲁棒性和泛化能力。

4）与其他深度学习方法的对比

为了进一步验证所提基于短时傅里叶变换的 WGAN-GP+SeCNN 轴承故障诊断方法的有效性，将它与 CNN+STFT 以及文献[11]、文献[12]、文献[13]中的算法进行对比。其中 CNN+STFT 是不带自注意力模块的 SeCNN，输入为时频谱图，其他参数与 SeCNN 保持一致。每种算法进行 10 次重复性试验，试验结果见表 6.15。

根据表 6.15 的结果，可以发现文献[11]和文献[12]提出的基于一维振动信号的故障诊断算法对负载不平衡下的轴承数据集诊断精度较低，无法有效地识别各种故障。其中，文献[11]中算法的诊断精度只有 10.27%，这可能是由于其卷积核设置过大，不能有效地学习到故障的局部特征，而且其训练集准确率已经达到100%，但是验证集却只有10%左右，说明该模型已经出现了严重的过拟合现象。文献[12]的诊断精度相对于文献[11]中算法有所提高，但该算法是基于一维时域信号的故障诊断方法，丢失了信号的频域信息；此外，批处理大小设置为64，在样本量较小时不能发挥出算法的性能，因此其诊断精度依然较低。与此相比，文献[11]中算法和CNN+STFT算法都是基于短时傅里叶变换的故障诊断方法，其诊断精度相较于基于一维振动信号的故障诊断方法有了很大提高。这说明短时傅里叶变换能够很好地应对非平稳信号，且时频域信息的样本在提高数据量的同时对模型性能也有较大提高。此外，SeCNN算法的试验结果表明，相对于没有自注意力机制的CNN+STFT以及文献[13]中算法来说，其诊断精度有了一定提高，这说明自注意力模块在抑制噪声权重、提高故障特征权重方面具有比较明显的作用。总体而言，所提出的基于短时傅里叶变换的WGAN-GP+SeCNN轴承故障诊断方法相较于其他主流故障诊断方法具有较大优势。相较于文献[13]中算法和CNN+STFT算法，本书所提算法的准确率提高了4%以上，准确率标准差减少了95%以上，验证了所提方法在轴承负载不平衡下基于小样本数据的故障诊断具有可行性。为了说明所提方法在处理轴承负载不平衡问题时的优越性，将负载平衡轴承数据输入到不同故障诊断算法中进行训练与测试，试验结果如表6.16所示。

表 6.15　第一种轴承负载不平衡下不同算法试验结果

试验方法	平均准确率/%	准确率标准差/10^{-4}
文献[11]	10.27	0.2011
文献[12]	37.52	0.7692
CNN+STFT	90.40	13.57
文献[13]	90.28	8.189
WGAN-GP+SeCNN	94.42	0.4403

表 6.16　轴承负载平衡下不同算法试验结果

试验方法	平均准确率/%	准确率标准差/10^{-4}
文献[11]	10.05	0.5169
文献[12]	34.20	2.4652
CNN+STFT	91.40	1.9340
文献[13]	92.12	1.0830
WGAN-GP+SeCNN	94.89	0.3824

　　根据表 6.16 可知，文献[11]中算法的平均识别率几乎没有变化，说明算法未学习到故障特征，导致模型无法正确分类。而文献[12]中算法移除负载不平衡后准确率反而下降，说明该算法的主要影响因素是数据量，小样本量会使模型不稳定。CNN+STFT 与文献[13]中算法在负载平衡下提高了平均准确率，同时减小了准确率标准差约 86%，因此，移除负载不平衡可以提高算法的诊断性能和稳定性。通过对比表 6.15 和表 6.16，可以发现所提出的方法在负载平衡和负载不平衡的情况下表现相似，表明该方法具有较好的鲁棒性。

6.2.3　基于深度学习的齿轮智能故障诊断与监测

1. 基于振动信号的 ASCNN 诊断模型

1）自适应堆叠式卷积神经网络模型

　　为了研究齿轮箱故障特征随时间变化的规律，通常采用时频分析方法。由于 CNN 最初是为处理二维图像而设计的，因此将振动信号经过小波变换处理成时频图作为 CNN 的输入，使用 CNN 的卷积和池化操作预测齿轮箱的故障状态。为了应对齿轮箱在不同转速下的故障问题，作者设计了一种与自适应特征提取和池化操作相近语义的自适应堆叠式卷积神经网络（adaptive stacked convolution neural network, ASCNN）模型，如图 6.33 所示。这种模型通过卷积操作对时频图进行特征提取，并使用池化操作减小计算规模。

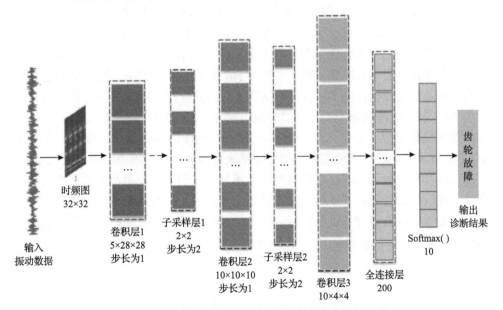

图 6.33　ASCNN 模型结构

ASCNN 模型包括一个输入层、三个卷积层、两个子采样层（池化层）、一个全连接层和一个输出层。它通过多个卷积层和池化层的叠加来对振动信号的时频图进行特征提取和降维。对于采集到的每个振动信号进行时频变换，以获取时频图，并将其尺寸调整为 32×32 以适应 ASCNN 的输入要求。接着是一个"卷积—池化"的堆叠运算，设置了 5 个尺寸为 28×28 的卷积核作用于卷积层 1，移动步长为 1，采用 2×2 的最大池化操作，移动步长为 2；第二个卷积层则有 10 个尺寸为 10×10 的卷积核，移动步长为 1，子采样层 2 的参数等同于前一个池化层；第三个卷积层设置有步长为 1 的 10 个 4×4 的卷积核。为了更好地提取局部特征，该模型采用了小尺寸的卷积核来过滤时频图。最后的输出层输出齿轮箱的 10 种故障类型的识别精度。在训练过程中，网络权重被随机初始化，通过计算预测值和真实值的误差，利用反向传播算法来修正网络权重，直至满足终止条件。为了测试该模型的性能，从每一种齿轮箱故障对应的 200 个时频图样本中，随机选择 75%的样本作为训练集，剩下的 25%的样本作为测试集。ASCNN 可以利用训练集来自适应地学习和记忆故障特征，从而得到一个良好的预测模型。随后，将测试集输入到训练好的 ASCNN 网络中，通过 Softmax 函数来获取预测结果。

2）振动信号特征提取

（1）时频分析方法。

在监测振动信号时，仅仅在时域内进行监测只能简单地判断振动值是否超标，而不能确定振动的部位和原因。此时，可以采用频域分析方法，如傅里叶变换，从数值上实现对信号与系统的频域分析。然而，傅里叶变换是一种全局变换，仅反映信号的总体平均信息，无法体现信号分量随时间的变化情况。因此，对于非平稳信号和时变信号等特殊信号，需要采用时频表示方法，即使用时间和频率的联合函数来表示信号的时频特性。STFT 将信号分成多个短的、平稳的随机过程，对每一个随机过程执行傅里叶变换，以实现时频分析。但是，STFT 中的时间窗口大小是固定的，无法随频率变化而改变窗口尺寸。相比之下，小波变换继承了 STFT 的局部平稳化思想，并引入一个随频率改变大小的"时间-频率"窗口，避免了 STFT 的不足。小波变换使用定长的小波基来代替傅里叶变换中的不定长三角基，从而可以在获取频率的同时定位到时间。通过尺度和平移控制小波基，小波变换可以实现信号的时间和频率细化，以满足高频处时间细分和低频处频率细分的要求。小波变换最典型的特点是自适应信号的时频要求，通过变换能够凸显信号的局部细节成分，它的数学公式定义为：设平方可积函数 $x(t) = L^2(R)$，$\Psi(t)$ 是小波基函数，则

$$WT_x(a,\tau) = \langle x(t), \Psi_{at}(t) \rangle = \frac{1}{\sqrt{a}} \int x(t)\Psi^*\left(\frac{t-\tau}{a}\right)dt \tag{6.28}$$

称为 $x(t)$ 的小波变换，其中，$a>0$ 表示尺度因子，用于控制小波函数的伸缩，对应频率；τ 表示可正可负的位移量，用于控制小波函数的平移，对应时间；上角*代表共轭，$\langle x(t), \varPsi_{a\tau}(t) \rangle$ 表示内积，$\varPsi_{a\tau}(t) = \dfrac{1}{\sqrt{a}} \varPsi \left(\dfrac{t-\tau}{a} \right)$ 表示小波基函数的位移和伸缩。

(2) 齿轮箱故障时频分析。

根据采集的振动数据，设计了 10 种齿轮状态数据。为便于齿轮箱故障时频分析，选取电机转速为 900r/min 的四种状态：正常、磨损、断齿和点蚀，这些状态下信号的时域图、频谱图和时频图如图 6.34～图 6.37 所示。

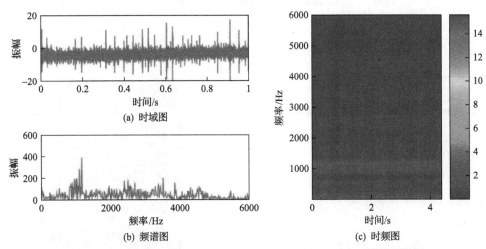

图 6.34 齿轮处于正常状态时振动信号的时域图、频谱图和时频图

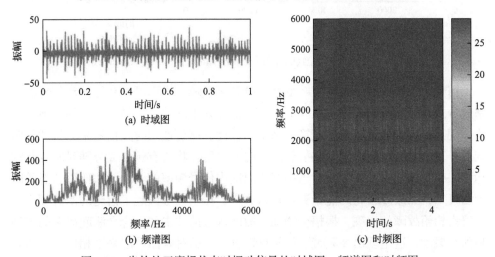

图 6.35 齿轮处于磨损状态时振动信号的时域图、频谱图和时频图

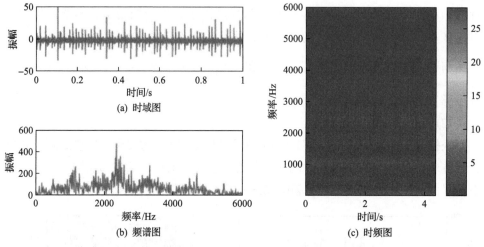

图 6.36　齿轮处于断齿状态时振动信号的时域图、频谱图和时频图

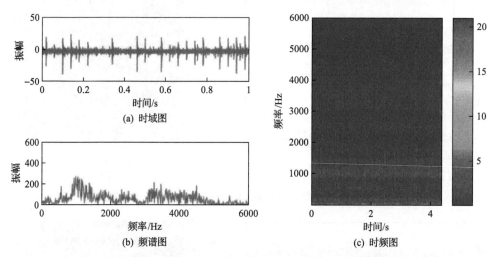

图 6.37　齿轮处于点蚀状态时振动信号的时域图、频谱图和时频图

　　信号的时域波形经过傅里叶变换可分解至频域,进而可以获得振动信号的频率成分及其分布范围,但它反映的是信号的总体平均信息,是一种全局变换,无法体现某一特定分量随时间变换的情况。因此,需要使用时频信号来分析此类时变信号。时频分析能将信号映射到二维时间尺度,将所有频率成分随时间变化的趋势映射到二维空间,以便看清在细小时间内信号频率的变化。由四种状态的时频图可知,无故障齿轮的能量聚焦在低频带,振动信号激起了齿轮的固有频率。随着齿轮箱故障的出现,振幅会增加,故障部位的冲击和啮合会激起齿轮的中高频固有振动,这呈现出高频带。尽管这四种状态的时频图看起来很相似,但需要找出同类型故障的共同特点并将其与其他故障类型区分开。由于 CNN 在图像识

别领域表现出色,因此选择 CNN 进行齿轮箱的故障识别和诊断。由于 CNN 模型的输入需要是二维向量,时频图恰好满足这个要求。因此,采集了齿轮的 10 种运行状态数据后,需要对其进行小波时频变换处理,再将获得的小波时频图输入 ASCNN 模型中。

3) ASCNN 模型参数的设置

对于识别齿轮 10 种运行状态的时频图,ASCNN 模型参数的选择对分类精度影响很大,因此需要进行调参以优化模型性能。为了训练深度学习模型,需要大量的样本数据,因此每个状态的数据集包括 200 个时域图样本,从中随机选择 150 个作为训练集进行 ASCNN 模型训练,剩余的 50 个样本作为测试集来测试模型的分类精度。在模型评价指标上,选择准确率。模型精度受到迭代次数、学习率和批量尺寸等参数的影响。通过大量试验,最终选择迭代次数 30、学习率 0.005 和批量尺寸 10 来训练 ASCNN 模型。

4) ASCNN 模型诊断性能分析

为验证 ASCNN 对齿轮不同故障状态的振动时频图良好的识别率,将它与常见的快速傅里叶变换-多层感知器(FFT-multilayer perceptron, MLP)模型和 FFT-SVM 模型的诊断结果进行对比。将采集的振动信号送入模型训练,得到如图 6.38 所示结果(图中的 1~10 代表故障标签,即 1 表示 900r/min 的正常状态、2 代表 900r/min 的点蚀故障、3 代表 1800r/min 的点蚀故障、4 代表 2700r/min 的点蚀故障、5 代表 900r/min 的断齿故障、6 代表 1800r/min 的断齿故障、7 代表 2700r/min

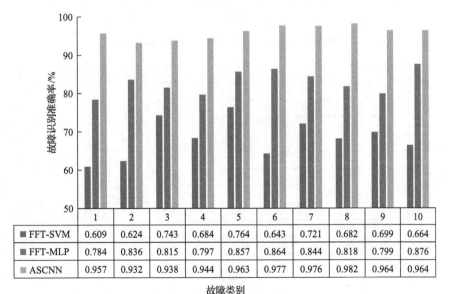

	1	2	3	4	5	6	7	8	9	10
FFT-SVM	0.609	0.624	0.743	0.684	0.764	0.643	0.721	0.682	0.699	0.664
FFT-MLP	0.784	0.836	0.815	0.797	0.857	0.864	0.844	0.818	0.799	0.876
ASCNN	0.957	0.932	0.938	0.944	0.963	0.977	0.976	0.982	0.964	0.964

故障类别

图 6.38　不同模型对齿轮箱故障的诊断效果对比

的断齿故障、8 代表 900r/min 的磨损故障、9 代表 1800r/min 的磨损故障、10 代表 2700r/min 的磨损故障，后续结果分析中的表示方法与此一致）。

从图 6.38 可知，FFT-SVM 模型的诊断率在 60%～77%波动，整体表现偏低；FFT-MLP 模型的诊断率在 78%～88%浮动，相对于 FFT-SVM 提高了约 18%；ASCNN 模型的诊断率进一步提升，在 900r/min 的磨损故障上甚至可达 98.2%。前面提到过混淆矩阵是用 n 行 n 列的矩阵形式来表示精度评价的一种标准格式，其每一列代表预测类别，每一行代表数据的真实归属类别，它是展示分类算法有效性的一个可视化工具。将三种模型的诊断结果用混淆矩阵展示，如图 6.39～图 6.41 所示。

	1	2	3	4	5	6	7	8	9	10	
1	30	5	4	2	0	1	3	2	3	0	60.9%
2	5	31	1	4	2	3	2	1	1	0	62.4%
3	1	1	37	0	2	3	1	1	1	3	74.3%
4	4	1	0	34	3	1	0	2	2	3	68.4%
5	1	2	2	0	38	2	0	1	3	1	76.4%
6	3	0	2	2	1	32	4	3	1	2	64.3%
7	0	2	3	1	1	2	36	3	1	1	72.1%
8	3	2	1	1	0	4	2	34	1	2	68.2%
9	2	1	2	0	3	2	2	1	35	2	69.9%
10	2	1	1	4	3	0	1	5	0	33	66.4%
	58.8%	67.4%	69.8%	70.8%	71.7%	64.0%	70.6%	64.2%	72.9%	70.2%	68.3%
	1	2	3	4	5	6	7	8	9	10	

真实标签（行）　预测标签（列）

图 6.39 FFT-SVM 模型诊断结果的混淆矩阵

	1	2	3	4	5	6	7	8	9	10	
1	39	1	0	2	1	1	1	2	2	2	78.4%
2	2	42	1	0	2	1	0	1	1	0	83.6%
3	1	1	41	0	2	0	1	1	1	2	81.5%
4	4	2	0	40	1	0	0	1	2	0	79.7%
5	1	0	0	0	43	2	2	1	0	1	85.7%
6	1	0	1	1	0	43	0	3	1	0	86.4%
7	0	1	0	1	2	2	42	0	0	2	84.4%
8	0	2	1	1	1	0	1	41	1	2	81.8%
9	1	1	0	0	3	2	2	1	40	0	79.9%
10	0	1	1	1	1	0	1	1	0	44	87.6%
	79.6%	82.4%	91.9%	86.9%	79.6%	82.7%	84.0%	78.8%	83.3%	83.0%	82.9%
	1	2	3	4	5	6	7	8	9	10	

真实标签（行）　预测标签（列）

图 6.40 FFT-MLP 模型诊断结果的混淆矩阵

		1	2	3	4	5	6	7	8	9	10	
真实标签	1	48	0	0	1	0	0	1	0	0	0	95.7%
	2	0	47	1	0	1	0	0	0	1	0	93.2%
	3	0	0	47	1	1	1	0	0	0	0	93.8%
	4	0	1	0	47	0	1	0	0	0	1	94.4%
	5	0	1	0	0	48	0	0	0	0	1	96.3%
	6	0	0	0	0	0	49	0	0	0	0	97.7%
	7	1	0	0	0	0	0	49	0	0	0	97.6%
	8	0	0	1	0	0	0	0	49	0	0	98.2%
	9	0	0	0	0	1	1	0	0	48	0	96.4%
	10	0	1	0	0	0	1	0	0	0	48	96.4%
		97.9%	94.0%	95.9%	95.9%	94.1%	92.5%	98.0%	100.0%	96.0%	96.0%	95.9%
		1	2	3	4	5	6	7	8	9	10	
						预测标签						

图 6.41　ASCNN 模型诊断结果的混淆矩阵

根据图 6.39~图 6.41,三种模型分别诊断齿轮 10 种故障运行状态的诊断结果如下:FFT-SVM 模型对每一种故障类型能够正确识别的测试样本个数最高为第 5 类故障的 38 个,最低为第 1 类故障的 30 个,整体对样本真正正确的识别准确率为 68.3%;FFT-MLP 模型对每一种故障类型能够正确识别的测试样本个数最高为第 10 类故障的 44 个,最低为第 1 类故障的 39 个,整体对样本真正正确的识别准确率为 82.9%;ASCNN 模型对每一种故障类型能够正确识别的测试样本个数最高为第 6、7、8 类故障的 49 个,最低为第 2、3、4 类故障的 47 个样本,整体对样本真正正确的识别准确率为 95.9%,错误率为 4.1%,表现最佳。因此,ASCNN模型对齿轮箱故障的诊断是有效的。

2. 基于声音信号的端到端的堆叠式卷积神经网络诊断模型

1)端到端的堆叠式卷积神经网络模型

本节介绍了一种新的"端到端"(end to end)的齿轮箱故障诊断方法,即端到端的堆叠式卷积神经网络(end to end stacked convolution neural network, ESCNN),它利用卷积神经网络(CNN)直接处理原始声音信号进行故障识别。相比于之前采用小波变换处理振动信号获得时频图送入 ASCNN 中训练学习的方法,这种方法不需要手动提取特征,可以自动学习和提取模型所需的特征,能够更准确地识别齿轮不同的故障状态。ESCNN 模型结构如图 6.42 所示。

ESCNN 模型包括输入层、四个卷积层、两个池化层、一个全连接层和输出层。端到端的优势在于输入层直接输入声音信号,无须进行人工特征提取,前两个卷积层就可以完成特征提取的过程。在卷积层 1 和 2 中,采用小尺寸的卷积核对声音信号的局部特征进行提取。为了提取不同的声音特征,第一个卷积层设置了 40个大小为 1×8 的卷积核,步长为 1;第二个卷积层设置了 40 个大小为 40×8 的

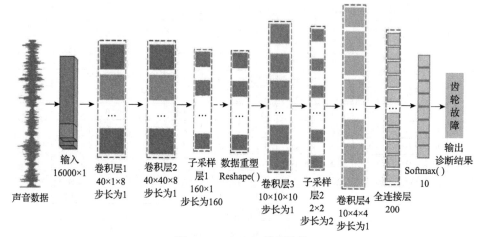

图 6.42　ESCNN 模型结构

卷积核，步长为 1。将切分后时长为 1s 的声音片段送入输入层，经过两层卷积以后，采用 160×1 不重叠的最大池化操作，移动步长为 160，从而获取时间序列的输出特征。ESCNN 模型以 10ms 时间区域的类频率特征作为输入，经过卷积和池化后，将它作为图像送入故障识别的阶段。数据经过 Reshape（）处理后，送入两个卷积层和一个包含 200 个隐藏单元的全连接层。下一层使用 Softmax（）进行故障分类，包含样本的类标签。最后的输出层输出齿轮箱的 10 种故障类型的识别精度。模型的权重在训练前随机初始化，并通过误差反向传播在训练过程中进行优化。训练结束后，测试样本被送入模型进行预测，通过对比预测结果和真实标签获得每类故障的识别精度。

2）声音信号数据准备

根据采集到的信号，设置 10 种齿轮箱运行状态，采样频率为 16kHz，每一种故障状态的原始音频信号的时长为 60s。通过语音识别、声场分类、环境声音分类研究，发现 1～2s 的声音片段已包含足够的信息用于特征分析并分类。基于此，将 60s 的原始音频切分成固定时长为 1s 的声音片段。设置滑动窗口大小为 1024，移动步长为 50%，切分原始音频，获得固定长度为 1s、包含约 16000 个数据点的音频样本。采用这种方式，每一种故障状态提取 200 个样本待 ESCNN 模型训练和测试使用。在 ESCNN 模型中，特征提取由卷积层 1 和 2 自动完成，无须人工干预。选取电机转速为 1800r/min 的四种状态：正常、磨损、断齿和点蚀，绘制每一种运行状态的时域波形及频谱图，如图 6.43 所示。

由图可见，齿轮声音信号在时域图中的振幅随着齿轮运行状态的变化而变化，正常状态下振幅最大，磨损状态下振幅最小。在频谱图中可观察到，不同故障类型的齿轮信号振幅大小和分布不同，四种状态都有不同程度的共振峰，正常状态下有三个较明显，磨损状态下有两个较明显，断齿状态下有两个较明显，点蚀状

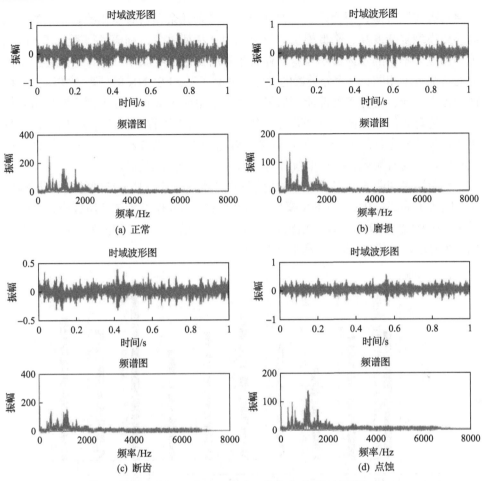

图 6.43　齿轮的声音信号的时域波形图和频谱图

态下有三个较明显，这说明齿轮的声音信号可以反映齿轮的故障状态。

3）ESCNN 模型参数的设置

将齿轮 10 种运行状态的原始音频信号直接送入 ESCNN 模型进行故障识别，与 ASCNN 模型相同，选择迭代次数、学习率和批量尺寸这三个参数来分析模型的识别精度。根据试验分析结果，在 ESCNN 模型中，将迭代次数设置为 50，学习率选择 0.005，批量尺寸设置为 10，可以得到较好的识别精度。

4）ESCNN 模型诊断性能分析

ESCNN 模型的最大优势在于其端到端的信号处理。不同于以往需要依赖专业知识和经验对传感器采集的数据进行预处理和特征提取后再送入网络学习，ESCNN 模型可以直接输入齿轮在不同故障状态下的原始音频信号，经过一系列的卷积和池化运算后，准确地识别不同的故障类型。相较于传统的方法，ESCNN 模型更具有实用价值，因为采集的数据通常是复杂冗余且富有变化的。多余的特征会导致模型复杂度高，降低模型的泛化能力；特征过少，则模型得不到充分的训练。因此，不同的主体由于自身专业背景和所认可的经验不一致，导致它们所提取的特征各不相同，因而分类器的性能会各有千秋。ESCNN 的处理方式避免了特征的因人而异，使分类器性能更加稳定。为了验证 ESCNN 在识别不同齿轮箱故障状态的音频信号方面的良好表现，将它与常规的人工提取特征方法(以文献[12]中的音频信号进行故障分类的方法)进行对比分析。文献[12]采用小波变换将数据从时域转换为时频域，并提取统计特征送入 ANN 分类器训练。

诊断结果如图 6.44 所示，ANN 模型的诊断率在 75.5%～95.9%波动，振幅较大，陷入了局部最优；ESCNN 模型的诊断率比 ANN 模型整体有所提高，且相对平缓，在 92.2%～98%浮动，相比 ANN 模型更具稳定性。两种模型的诊断结果用混淆矩阵展示分别如图 6.45 和图 6.46 所示。

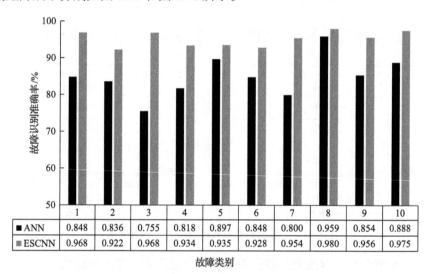

故障类别	1	2	3	4	5	6	7	8	9	10
■ ANN	0.848	0.836	0.755	0.818	0.897	0.848	0.800	0.959	0.854	0.888
■ ESCNN	0.968	0.922	0.968	0.934	0.935	0.928	0.954	0.980	0.956	0.975

图 6.44　ANN 和 ESCNN 对齿轮箱故障的诊断效果对比

从图 6.45 和图 6.46 中可以看出，ANN 模型对于每一种故障类型能够正确识别的测试样本个数最高为第 8 类故障的 48 个，最低为第 3 类故障的 38 个，整体对样本真正正确的识别准确率为 85%，模型的最高准确率为 95.9%，最低准确率仅为 75.5%，中间差距过大，明显陷入了局部最优；与之相比，ESCNN 模型对于每一种故障类型能够正确识别的测试样本个数最高为第 8、10 类故障的 49 个，最低为第 2、6 类故障的 46 个，整体对样本真正正确的识别准确率为 95.2%，错误率为 4.8%，整体性能比 ANN 提高了约 10%。由 ESCNN 模型得到的第 8 类故障的诊断率最高、第 2 类故障的诊断率最低的结论，与 ASCNN 模型诊断的一致。因此，ESCNN 模型对齿轮箱故障的诊断是有效的。

		1	2	3	4	5	6	7	8	9	10	
真实标签	1	42	0	2	0	2	0	1	0	0	3	84.8%
	2	0	42	1	1	1	0	0	0	2	3	83.6%
	3	2	0	38	3	1	3	0	0	0	3	75.5%
	4	2	1	2	41	0	1	2	0	0	1	81.8%
	5	0	1	0	0	45	0	2	0	1	1	89.7%
	6	2	0	1	0	0	42	0	2	0	2	84.8%
	7	1	3	0	3	0	0	40	1	2	0	80.0%
	8	1	0	0	0	0	0	0	48	1	0	95.9%
	9	0	0	2	0	1	0	1	2	43	1	85.4%
	10	1	0	0	2	0	1	0	2	0	44	88.8%
		82.4%	89.4%	82.6%	82.0%	88.2%	87.5%	85.1%	90.6%	87.8%	75.9%	85.0%
		1	2	3	4	5	6	7	8	9	10	

预测标签

图 6.45　ANN 模型诊断结果的混淆矩阵

		1	2	3	4	5	6	7	8	9	10	
真实标签	1	48	0	0	0	1	0	0	0	0	1	96.8%
	2	1	46	0	0	0	1	1	0	1	0	92.2%
	3	0	1	48	0	0	0	0	0	0	1	96.8%
	4	0	0	0	47	1	0	0	1	0	0	93.4%
	5	0	1	0	1	47	0	0	0	0	0	93.5%
	6	1	0	2	0	0	46	0	0	0	1	92.8%
	7	0	1	0	0	1	0	48	0	0	0	95.4%
	8	0	0	0	0	0	0	0	49	1	0	98.0%
	9	1	0	0	0	0	1	0	0	48	0	95.6%
	10	0	0	0	0	0	0	1	0	0	49	97.5%
		94.1%	93.9%	94.1%	97.9%	94.0%	95.8%	98.0%	96.0%	96.0%	94.2%	95.2%
		1	2	3	4	5	6	7	8	9	10	

预测标签

图 6.46　ESCNN 模型诊断结果的混淆矩阵

3. 基于 IDS 的振声信号融合诊断性能分析

1) 改进的证据融合方法

证据理论是一种用于处理不确定、不精确信息的证据理论，常被称为 Dempster-Shafer 理论(简称 DS 理论)。该理论通过将概率论中的单点赋值扩大到集合赋值，弱化了相应的公理系统，满足了比概率更弱的要求。DS 理论是对贝叶斯概率论的推广，不同之处在于 DS 理论不需要知道先验概率，具有直接表达不确定和不知道的能力。DS 理论强调事物的客观性，同时也强调人对事物评价的主观性，采用"区间估计"来描述事物的不确定信息。相比于贝叶斯网络，DS 理论能够在不知道先验概率的情况下，通过简单的推理得到更好的融合结果。

DS 理论虽然有很多成功经验，但随着研究的深入，也暴露了一些缺陷。一些常见的问题包括：

(1)在 DS 理论中，基本概率分配值需要事先确定，没有解决未知情况下如何确定的问题。

(2)证据之间的冲突问题。融合规则中的冲突因子 k 反映了不同证据之间的冲突程度，但在实际应用中，如何处理冲突仍然是一个挑战。$0<k<1$，当冲突因子 $k=1$ 时，表示证据完全冲突；$k=0$ 时，表示证据相容。当计算得到的 k 趋近于 1，表示强冲突，反之为弱冲突。k 等于或趋近 0，融合结果比较理想；k 越大，证据间冲突越激烈，矛盾越明显。当 $k=1$，即证据完全冲突时，无法使用 DS 理论进行融合；而 k 接近 1，即证据高度冲突时，产生的融合结果通常与直觉相悖。

(3)"一票否决"现象。在 DS 理论中，如果融合前命题的 BPA 值为 0，则意味着该命题被完全否定，无论后续增加多个支持该命题的证据，融合结果都不可能支持该命题，即"一票否决"现象。

(4)指数爆炸问题。随着辨识框架中证据个数的增加，所需的计算量和时间成本呈指数级增加，无法满足现代系统所需要的实时性。

针对这些缺陷，改进的证据融合(improved Dempster-Shafer, IDS)方法被提出。具体改进表现在如下方面。

(1)"一票否决"现象的消除。

为了避免 DS 理论中出现"一票否决"现象而导致失效，可以采用微小的基本概率再分配方法。在不影响各命题主体信任度的前提下，从同一个证据中，BPA 非 0 的命题处借一个微小的值(一般控制在 0～0.05 之间)到 BPA 为 0 的命题上。

(2)证据冲突问题的解决。

①利用距离函数修正证据权重。选用马氏距离修正距离权重，以两个 n 维向量 $m_i(x_{i1}, x_{i2}, \cdots, x_{in})$ 和 $m_j(x_{j1}, x_{j2}, \cdots, x_{jn})$ 为例，由式(6.29)计算这两个证据之间的马氏距离 d_{ij}：

$$d_{ij} = d(m_i, m_j) = \sqrt{(m_i - m_j)^T S^{-1}(m_i - m_j)}, \quad i, j = 1, 2, \cdots, n \qquad (6.29)$$

式中，上角 T 代表转置；S 为协方差矩阵；S^{-1} 为逆协方差矩阵。通过计算两两证据间的马氏距离获得证据体的距离矩阵：

$$d_{ij} = \begin{bmatrix} d_{11} & d_{12} & \cdots & d_{1n} \\ d_{21} & d_{22} & \cdots & d_{2n} \\ \vdots & \vdots & & \vdots \\ d_{n1} & d_{n2} & \cdots & d_{nn} \end{bmatrix} \qquad (6.30)$$

根据式(6.31)定义两个证据 m_i 和 m_j 之间的相似性度量 S_{ij}：

$$S_{ij} = S(m_i, m_j) = -d_{ij} \tag{6.31}$$

很明显，相似性度量和距离函数呈反比关系。通过计算两两证据间的相似性度量获得证据体的相似矩阵：

$$S_{ij} = \begin{bmatrix} s_{11} & s_{12} & \cdots & s_{1n} \\ s_{21} & s_{22} & \cdots & s_{2n} \\ \vdots & \vdots & & \vdots \\ s_{n1} & s_{n2} & \cdots & s_{nn} \end{bmatrix} \tag{6.32}$$

根据式 (6.33) 定义证据 m_i 的支持度 $\mathrm{Sup}(m_i)$，即将相似性度量矩阵中除自身以外的所有元素求和，代表证据 m_i 和其他证据之间的支持度，

$$\mathrm{Sup}(m_i) = \sum_{j=1, j \neq i}^{n} S_{ij}(m_i, m_j) \tag{6.33}$$

根据式 (6.34) 定义证据 m_i 的信任度 $\mathrm{Cred}(m_i)$：

$$\mathrm{Cred}(m_i) = \frac{\mathrm{Sup}(m_i)}{\sum\limits_{i=1}^{n} \mathrm{Sup}(m_i)} \tag{6.34}$$

即将支持度标准化处理，满足 DS 理论要求的 $\mathrm{Cred}(m_i) \in [0,1]$ 且 $\sum\limits_{j=1, j \neq i}^{n} S_{ij} \mathrm{Cred}(m_i) = 1$。

以上公式表明两个证据之间的距离越近越相似，则彼此之间的相互支持度越高，证据 m_i 的信任度越高，所占权重就大，$\mathrm{Cred}(m_i)$ 即作为证据的权重。

②利用德尔菲法修正传感器权重。传感器种类繁多，需要根据测量目的、对象和环境选择合适的类型。通常会考虑灵敏度、频率响应特性、稳定性和精度等因素。同种传感器在不同环境中受多种因素影响，如温度、湿度、噪声、电磁场和自身质量差异，使得其测量数据无法完全反映被测对象的真实状态，从而影响后续融合的精度。为解决此问题，可以根据专家系统、现场工人的经验及应用场景的先验知识为传感器设置权重，以表示其测量值在融合结果中的重要性和贡献度。选择合适的传感器权重，有多种方法可以应用。其中，德尔菲法是一种广泛应用的方法。该方法本质上是一种反馈匿名调查法，由组织者设计调查问卷并匿名发送给专家，经过反复征询和修改，直至获得专家基本一致的观点。德尔菲法具有简便易行、科学实用、可靠性高和代表性广等优点。根据制造领域的特殊性，采用简化的德尔菲法，设计调查问卷并发放给车间一线工人，最后将问卷结果取平均作为传感器权重。考虑传感器的属性、安装位置、试验环境和试验工作台等因素，可获得更加精确的权重。

③利用证据权重和传感器权重共同修正基本概率赋值（basic probability assignment, BPA）。原始的 BPA 因冲突因子过高会导致融合结果不稳定和不可靠，因此借助于证据权重 $\text{Cred}(m_i)$ 和传感器权重 $\omega(s_i)$ 共同修正 BPA 函数：

$$m_i^*(A) = \sum_{i=1}^{n} m_i(A) \cdot \text{Cred}(m_i) \cdot \omega(s_i) \tag{6.35}$$

根据证据理论的要求，修正后的 BPA 之和应该为 1，还需要进行归一化处理：

$$m_i^\#(A) = \frac{m_i^*(A)}{\sum_{A \subseteq \Omega} m_i^*(A)} \tag{6.36}$$

④利用阈值选择融合规则。式(6.36)已经对证据的 BPA 进行修正，一定程度上解决了原始 BPA 导致的融合冲突。而考虑修改融合规则，可进一步消除证据冲突。新的组合规则，保留了经典 DS 理论冲突因子 k 的计算方法，同时引入阈值 λ，该阈值的大小由大量的试验测试确定，在此设置 λ=0.9。当计算获得 k 值以后，首先对比 k 和 λ 的大小关系，然后选择不同的公式进行合成。当证据相容或弱冲突时，使用传统的 DS 理论进行合成；若证据完全冲突或高度冲突，则使用改进的合成规则(IDS)，这种方法保留了原始证据理论的精华，能够融合多个不确定信息获得更高精度的结果，同时降低了冲突证据对合成结果的影响。IDS 理论的融合规则可以用以下公式表示：

$$k = \sum_{\cap A_i = \varnothing} \prod_{1 \leqslant i \leqslant n} m_i^\#(A_i)$$

$$q(A) = \frac{1}{n} \sum_{i=1}^{n} m_i^\#(A_i)$$

$$\begin{cases} m(\varnothing) = 0, & A = \varnothing \\ m(A) = \begin{cases} \dfrac{1}{1-k} \sum\limits_{\cap A_i = A} \prod\limits_{i \leqslant n} m_i^\#(A_i), & k < \lambda \\ \sum\limits_{\cap A_i = A} \prod\limits_{i \leqslant n} m_i^\#(A_i) + k \cdot q(A), & k > \lambda \end{cases}, & A = \varnothing \text{ 且 } A \neq U \\ m(U) = 1 - \sum\limits_{i=1}^{n} m_i^\#(A_i), & A = U \end{cases} \tag{6.37}$$

式中，$\varnothing$ 为空集；U 为全集。

2)融合诊断流程

传统的状态监测方法通常基于振动或声学信号进行故障诊断。但研究表明，单一信息源的应用存在很多局限性，特别是在针对一些精密设备或特定应用场景的设备监测中，单一信号源无法全面反映监测对象的状态。因此，多传感器数据融合方法在机械故障诊断中得到广泛应用。多传感器数据融合方法能够利用传感器获取的多个信息源，采用融合算法对多源数据进行合理支配和使用，去除冗余信息，使多个传感器在时间和空间上互补，产生对监测对象的一致性解释和描述。在此基础上，采用 IDS 理论对齿轮的振动和声音信号进行融合，综合诊断齿轮的运行状态。根据数据集提取 200 个样本，经过小波变换处理后获得时频图送入 ASCNN 模型；同时，在试验台的传声器阵列架上安装传声器采集齿轮箱的声音信号，按照计划提取 200 个样本送入 ESCNN 模型。ASCNN 模型和 ESCNN 模型在 Softmax 函数输出层的结果概率之和刚好为 1，恰好满足证据理论的 BPA 之和为 1 的要求。因此，假设齿轮箱的 10 种运行状态作为证据理论的识别框架，将 ASCNN 模型的 Softmax 函数输出结果作为第一个证据 (m_1)，而 ESCNN 模型的 Softmax 函数输出结果作为第二个证据 (m_2)，利用 IDS 理论将这两个模型的结果进一步决策融合，以获得更精确的齿轮箱的故障识别准确率。整个过程的具体流程如图 6.47 所示。

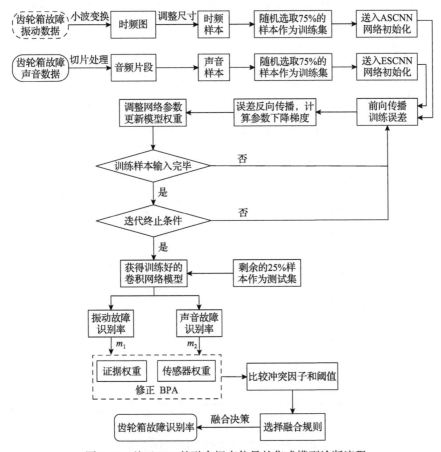

图 6.47　基于 IDS 的融合振声信号的集成模型诊断流程

3）融合诊断性能

为验证所提融合振动声信号的 IDSCNN 模型诊断结果的有效性，将其诊断结果与单信号源的诊断结果（ASCNN 模型和 ESCNN 模型）进行对比，同时与其他融合方法获得的结果对比[14]。为了减少随机性和偶然性的影响，设计单信息源模型（ASCNN 和 ESCNN）和多信息源模型（IDSCNN）的试验各自运行 10 次并记录每次运行的故障识别精度，并绘制箱线图，如图 6.48～图 6.50 所示。

从图 6.48～图 6.50 可以看出，ASCNN 模型最高诊断率为第 8 类故障，最低为第 2 类故障，且各出现一个异常点，第 6 类故障也出现异常点，模型整体性

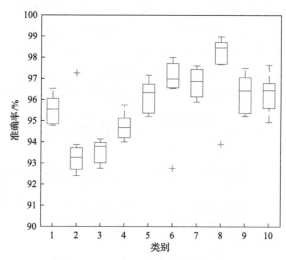

图 6.48　ASCNN 融合结果的箱线图

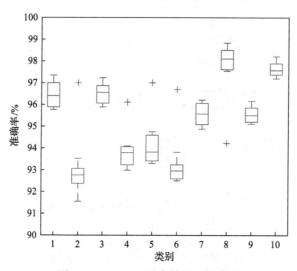

图 6.49　ESCNN 融合结果的箱线图

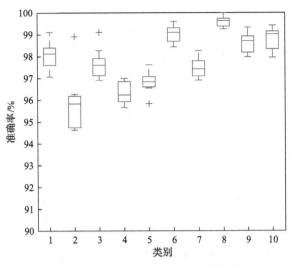

图 6.50　IDSCNN 融合结果的箱线图

能分散在 93%~98%，每一类故障的盒子长度相对较长，表明这10次诊断结果呈离散分布，除第 6 类以外，其余 9 类箱线图的中位线偏上，趋向于每一类的最大值；ESCNN 模型最高诊断率为第 8 类故障，最低为第 2 类故障，异常值出现在第 2、4、5、6、8 类故障，这 5 类故障的诊断率在整个 ESCNN 中忽高忽低，在界限处出现异常点，模型整体性能分布在 92%~98%，相对 ASCNN 模型，性能偏低且较分散，每一类故障的盒子长度变短，表明这10 次诊断结果有所收敛，除第 5 类故障的中位线偏下以外，其余 9 类故障的中位线均居中趋势，呈稳定状态；IDSCNN 模型最高诊断率为第 8 类故障，最低为第 2 类故障，这一点与 ASCNN 模型和 ESCNN 模型一致，表明三个模型对最高和最低诊断率的故障类别给出了一致的结论，在第 8 类故障的诊断率中还出现了高达 100%的诊断率，在第 2、3、5 类故障处出现异常值，且异常值本身距离盒子较近，模型整体性能分散在 95%~99%，比 ASCNN 和 ESCNN 模型的性能有所提升且比较集中，除第 2 类故障的盒子长度较长以外，其余 9 类故障的盒子长度较短，中位线偏上，表明这 10 次的诊断结果收敛性好，比较集中。由此对比三个模型可知 IDSCNN 模型较 ASCNN 模型和 ESCNN 模型更有效。为进一步验证 IDSCNN 模型的有效性，还将它与其他的融合方法进行对比，包括中值表决融合(median voting fusion, MVF)、比例冲突分配规则 5(proportional conflict allocation rule 5, PCR5)以及原始的证据理论融合振声信号(DSCNN)。为了减少误差，试验设计每个模型运行 10 次，并将 10 个试验结果的均值作为数据融合的最终结果，如图 6.51 所示。

图 6.51 表明，单一信号源和多信号源的故障诊断结果不同。仅使用振动传感器(ASCNN)和仅使用声音传感器(ESCNN)进行状态监测时，由于其自身的精度、

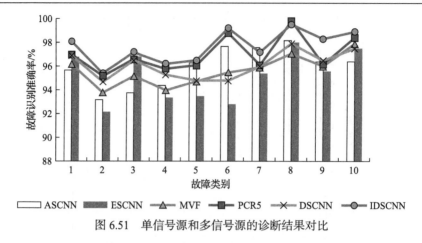

图 6.51　单信号源和多信号源的诊断结果对比

安装位置和环境等因素的影响，故障识别准确率波动范围大、误差大，准确率在 92% 至 98% 之间。因此，单一信号源无法全面准确地反映齿轮的健康状态，故而有必要对振动和声音信号进行进一步融合分析，以获取对齿轮运行状态的一致性描述。IDSCNN 模型采用改进的 IDS 理论融合来自振动传感器和声音传感器的数据，充分利用二者优势互补的性能，利用故障特征在时间和空间上的表征一致性，对齿轮的故障做出更精确的诊断。

　　对比图 6.52 中四种融合方法诊断结果可知，由 IDSCNN 模型计算得到的平均故障识别率最高（97.7%），PCR5 融合方法次之（97%），原始的证据理论融合方法

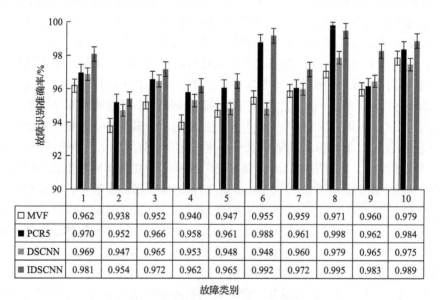

	1	2	3	4	5	6	7	8	9	10
□ MVF	0.962	0.938	0.952	0.940	0.947	0.955	0.959	0.971	0.960	0.979
■ PCR5	0.970	0.952	0.966	0.958	0.961	0.988	0.961	0.998	0.962	0.984
▨ DSCNN	0.969	0.947	0.965	0.953	0.948	0.948	0.960	0.979	0.965	0.975
▨ IDSCNN	0.981	0.954	0.972	0.962	0.965	0.992	0.972	0.995	0.983	0.989

故障类别

图 6.52　不同融合方法获得的诊断结果对比

DSCNN 位居第三(96.1%)，MVF 融合方法最低(95.6%)。这是因为所提的改进融合算法利用证据权重和传感器权重修正了证据的 BPA，并对修正后的证据依据阈值和冲突因子的关系来选择融合规则，从而使得置信水平高的证据越来越高，置信水平低的证据越来越低，获得理想的诊断率。PCR5 融合方法主要考虑的是证据完全冲突的情况，本节的证据没有完全冲突，无法体现出 PCR5 融合的优势，其置信水平分配方式按照原有的置信水平来分配，相对较为保守，因此获得第二高的诊断率。原始的证据理论融合方法得到的诊断率要高于单一信号源的结果，充分体现了融合的优势。MVF 方法的本质是"投票选举，多数通过"，是一种无需复杂运算，简单、快速的融合方法，可以在最短的时间内完成，但其诊断率是四种方法中最低的。

6.3　基于迁移学习的典型零部件智能故障诊断与监测

6.3.1　改进的基于样本特性的过采样技术

由于基于样本特性的过采样技术存在缺陷，即假定少数类与多数类的数量大致相等时作为数据集均衡的停止条件，不能调节每个集群中合成样本的合理数量。因此，本节提出了一种改进的样本特性过采样技术(improved sample-characteristic over-sampling technique，ISCOTE)。与 SCOTE 不同的是，ISCOTE 可以调节每种少数类样本中需要合成的样本数，且引入了缩放因子(scaling factor)序列：

$$\begin{cases} \{[s_i]\} \in [0,10] \\ N_i^{\text{Cluster}'} = N_i^{\text{Cluster}} s_i \end{cases}, \quad i = 1, 2, \cdots, m \tag{6.38}$$

其中，$\{[s_i]\}$ 为缩放因子序列，其范围为[0,10]，也就是说，当 $s_i>1$ 时，该类中将比原始 SCOTE 算法合成更多的新样本；当 $s_i=1$ 时，该类中将与原始 SCOTE 算法合成相同的新样本；当 $s_i<1$ 时，该类中将比原始 SCOTE 算法合成更少的新样本；$N_i^{\text{Cluster}'}$ 为 ISCOTE 在第 i 个少数类中需要合成的样本数；N_i^{Cluster} 为原始 SCOTE 算法在第 i 个少数类中需要合成的样本数。基于此，ISCOTE 处理多类不均衡数据集的具体流程如算法 6.1 所示。

算法 6.1　ISCOTE 处理多类不均衡数据集

ISCOTE(IN, Cm, S, k, δ, m, k*)

输入：待采样的多类不均衡数据集 IN、多类不均衡数据集的类别总数 Cm、少数类集群的缩放因子序列 S、用于消除噪声的 KNN 数 k、LS-SVM 模型的 RBF 内核函数参数值 δ、需要采样的边界样本数 m、用于合成新样本的 KNN 数 k*。

---

1. 令 I=1，从 IN 中随机选择一个类别作为二类不均衡数据集的少数类（S_{min}），其余类别作为多数类（S_{maj}）。如果 S_{min} 的样本数小于 S_{maj} 的样本数，则继续执行下一步；否则，重新选择 S_{min} 和 S_{maj}。即所选的少数类不应是具有最多实例的类别。

2. 噪声处理

使用 KNN 法处理噪声，从二类不均衡数据集（[S_{min}；S_{maj}]）中删除噪声样本，并获得新的二类不均衡数据集（[S_{minf}；S_{majf}]）。

3. 计算少数类样本的重要性

3.1 使用 LS-SVM 分类器训练二类不均衡数据集（[S_{minf}；S_{majf}]），以获得少数类的最小二乘支持数值谱序列，R_a={a_i}，i =1, 2,…, m；

3.2 计算 S_{minf} 中每个样本的重要性 $\left(S_\omega^\alpha(x_i)\right)$，且得到样本重要性序列，$RS_\omega^\alpha$ = { $S_\omega^\alpha(x_i)$），$x_i \in S_{minf}$}；

3.3 标准化样本重要性值 $\left(S_\omega^\alpha(x_i)\right)$，且得到标准化之后的样本重要性序列，$RS_\omega^{\alpha'}$ ={ $S_\omega^{\alpha*}(x_i)$），$x_i \in S_{minf}$}。

4. 合成新样本

4.1 首先，使用 NMS_{majf}（在 S_{majf} 中具有最多实例类别的样本数）–NS_{minf}（在 S_{minf} 中的样本数）计算合成样本数（$N_1^{Cluster}$），然后计算最终合成的新样本数（$N_1^{Cluster'}$）；

4.2 利用 $R S_\omega^\alpha$ ″= sort{ $S_\omega^{\alpha*}$ (x_i)，x_i =1, 2,…, S_{minf}} 对少数类样本的重要性权重序列进行排序；

4.3 计算每个边界样本的 $k*$ 信息近邻域中需要合成的样本数；

4.4 计算每个边界样本的 $k*$ 信息邻域的线段上要合成的样本数；

4.5 在每个边界样本的 $k*$ 信息邻域的线段上合成新样本，并获得新合成样本集，Set I。

5. 令 I=I+1，并重复步骤 1～5，直到对 IN 的所有类别都进行过采样为止。

6. 将{Set I, Set II, …, Set Cm}添加到 IN 中，得到多类均衡数据集，OUT。

7. end

输出：经过 ISCOTE 的多类均衡数据集，OUT。

6.3.2 基于 ISCOTE 和 VGG16 深度迁移学习的端到端状态监测

1. 基于 ISCOTE 和 VGG16 网络迁移学习的监测框架实现过程

1）数据截取

为了尽量减少人工干预，在此采用滑动窗口截屏的方法在原始时域振动信号上制作训练集和测试集图像，如图 6.53 所示。由于样本不足且类别不平衡，为了在有限的数据上获得更多的图片样本，采用图 6.53（a）中的重叠采样方法制作训练集。具体而言，引入取样间隔（D）和重叠取样间隔（d）两个概念，其中取样间隔（D）表示时间域采样的长度，用于调节每张图片样本中所包含的信息量；重叠采样间隔（d）表示相邻图片样本的重叠区域的长度，用于调节相邻样本之间的相似性。在

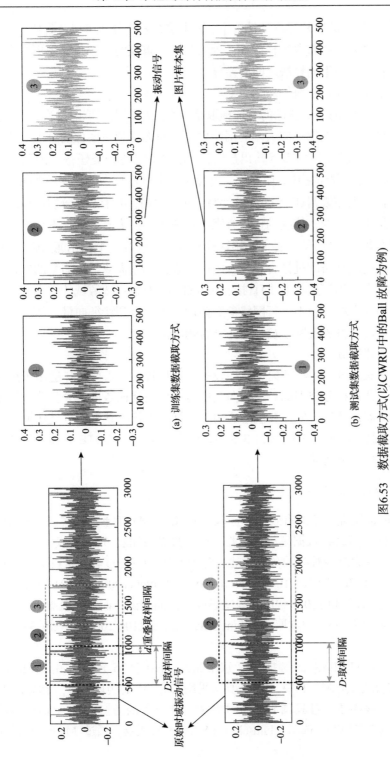

图6.53　数据截取方式(以CWRU中的Ball故障为例)

截取相同数量（n）的图片样本的情况下，采用重叠采样方式可以节省样本数量，并且测试集不需要使用重叠采样方式，因为只有不重复的连续采样才更符合实际情况，也更容易说明不同算法之间的差异。

2）基于 VGG16 网络的特征提取

由于VGG16网络对图像的特征提取是一个逐层深入提炼的过程，所以它具有深层的网络结构。在靠近输入端的网络中，它通常只学习图像的纹理等特征，而只有在网络层较深时（即靠近输出层时）才处理特定的分类任务。因此，在基于VGG16网络的迁移学习中，使用者只需保留预训练模型中较低层的权重，仅对高层网络重新训练并微调（fine-tuning）参数即可。然而，由于本部分假定训练样本有限且为多类不均衡的，传统的迁移方案不再适用。因为有限的样本，尤其是某些类别的样本非常稀少，使用者无法用这些样本重新训练一个泛化能力强的新网络，反而会导致高层网络的过拟合现象。因此，直接采用提取特征向量的方式进行基于VGG16网络的迁移学习，即直接利用VGG16网络自然源域的权重对原始振动信号进行特征提取，而不进行网络参数微调，进而得到特征向量。然后，将得到的特征向量进行格式重置以及过采样等后续操作。

3）分类器选取

由于格式重置后的特征向量属性较多、数量较少，需要选择适用于高维、小样本的分类器进行分类训练。支持向量机是一种满足该条件的分类器，相比于其他浅层分类器，其最大的优势就是适用于高维、小样本数据的分类建模。因此，可以利用支持向量机（如 SVM、LS-SVM 等）分类器对 ISCOTE 等算法采样后的特征数据集进行分类建模。

2. 试验数据简介与相关参数赋予

为了验证所提方案的有效性，选取 CWRU、IMS 轴承数据集与 PHM2010 铣刀、TTWD 车刀磨损数据集进行试验验证，数据集如表 6.17 和表 6.18 所示。为了凸显所提方案对少数类的分类优势，对于 IMS、CWRU 轴承数据集，分别采用 Normal/Inner/Ball（100/100/100）、Normal/Inner/Outer（100/100/100）以及 Normal/Inner/Ball/Outer（100/100/100/100）测试集进行性能测试，而对于数据集 PHM2010（C1～C6）和 TTWD，均选取 Medium/Slight/Severe（100/100/100）测试集进行性能测试。

针对 CWRU、IMS 轴承数据集，选用 Multi-class SVM 分类器（由 LIBSVM 工具包提供）进行故障监测，其中，SVM 算法采用 C-SVM 的实现方式，选取 RBF 核函数与多项式核函数，且只调节惩罚因子 C，调节范围为 [1,600]。而针对数据集 PHM2010 和 TTWD，选用 Multi-class LS-SVM 分类器，通过 Matlab 中的工具箱

表 6.17　轴承数据集

参数	CWRU Normal/Inner/Ball/Outer						IMS I Normal/Inner/Ball	IMS II Normal/Inner/ Outer
不均衡比	300/30/ 20/10	300/20/ 10/30	300/10/ 30/20	300/15/ 10/5	300/10/ 5/15	300/5/ 15/10	200/40/20	200/40/20
类别总数	4	4	4	4	4	4	3	3

表 6.18　刀具数据集

参数	C1 Medium/Slight/Severe				C4 Medium/ Slight/Severe	C6 Medium/ Slight/Severe	TTWD Medium/Slight/Severe	
不均衡比	200/20/40	200/40/20	200/10/20	200/20/10	200/40/20	200/40/20	200/40/20	200/20/40
类别总数	3	3	3	3	3	3	3	3

LS-SVMlab1.8 实现，用其自带的网格优化对分类器进行超参数寻优。另外，ISCOTE 缩放因子（$\{[s_i],\ i=1,2,\cdots,m-1\}$）的缩放范围设置为[0,10]，$k$ 取值 3~9，对于非线性决策超平面，δ 的合理值在 0.1~0.5，而对于线性决策超平面，δ 的合理值在 10~50。对于较小的 δ 值，m^* 的合理值在 5~8；而对于较大的 δ 值，m^* 的合理值在 1~2。k^* 的合理值在 6~10。此外，ROS、SMOTE、ADASYN、BSMOTE、Cluster-SMOTE、MWMOTE、A-SUWO 等算法的超参数也可根据推荐值结合微调获得最佳值，在此不做过多介绍。

3. 试验结果分析

1）监测轴承故障效果对比

图 6.54 中展示了 ISCOTE 等 9 种重采样算法对 CWRU、IMS 轴承数据集中故障的监测。这些算法的评价终值是通过计算准确率、平均准确率、G 均值、F 值及 AUC7 种指标的统计均值和标准差得出的。通过分析图 6.54 可以发现：

（1）经过对以 CWRU 数据集中的 6 个代表数据集和 IMS 数据集中的 2 个数据集样本分析发现，No-sampling 算法表现最差，远低于经过采样的算法精度。在 8 个数据集中，多数数据集中的某些故障状态都无法被准确识别，这表明多类不均衡给基于 VGG16 迁移学习的轴承故障监测带来了极大的挑战。

（2）ISCOTE 在所有数据集中表现最好（获胜率为100.0%），尤其是在 CWRU 的多类不均衡诊断中，平均准确率可达 94.24%以上，远优于其他算法，这表明 ISCOTE 算法可以在特征空间内有效地处理 VGG16 迁移学习提取的轴承特征向量，并生成数目合理且分布合理的新特征样本。值得注意的是，在所有选定的 8 个数据集中，没有采样的算法获得了最差的性能，且无法准确识别一个或多个故障状态。

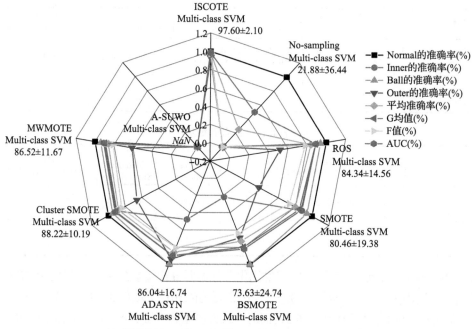

(a) CWRU: Normal/Inner/Ball/Outer (300/30/20/10)

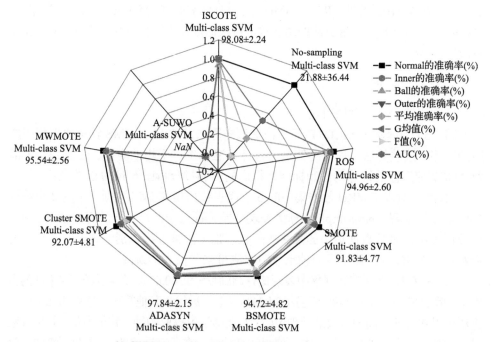

(b) CWRU: Normal/Inner/Ball/Outer (300/20/10/30)

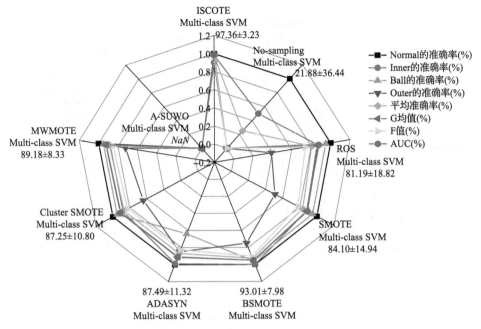

(c) CWRU: Normal/Inner/Ball/Outer (300/10/30/20)

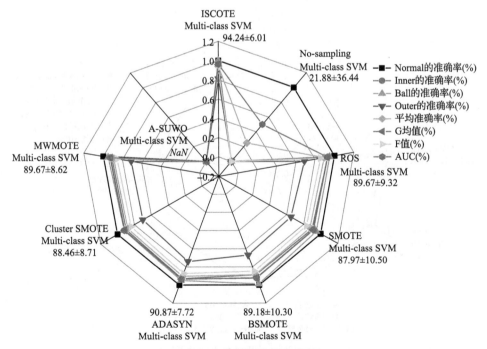

(d) CWRU: Normal/Inner/Ball/Outer (300/15/10/5)

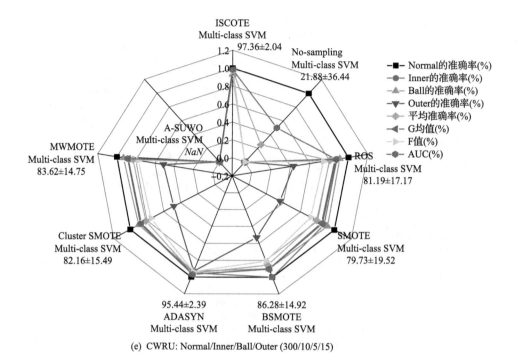

(e) CWRU: Normal/Inner/Ball/Outer (300/10/5/15)

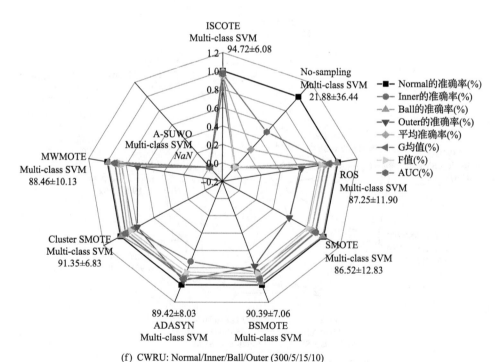

(f) CWRU: Normal/Inner/Ball/Outer (300/5/15/10)

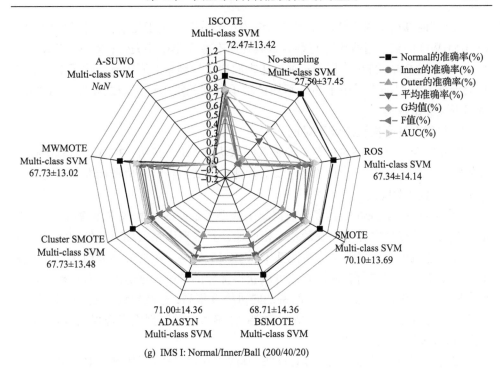

(g) IMS I: Normal/Inner/Ball (200/40/20)

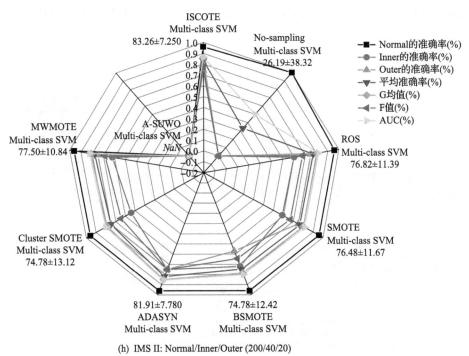

(h) IMS II: Normal/Inner/Outer (200/40/20)

图 6.54　监测轴承故障的结果比较

（3）其他算法效果不佳的原因可归结为：部分算法过于复杂，导致效果不佳，如 A-SUWO 的聚类过程十分复杂导致其在所有数据集中均失效；ROS、SMOTE、ADASYN、MWMOTE 等其余 6 种算法未取得优异结果的原因是，除了本身固有的缺点外，它们都不适用于高维不均衡轴承数据的重采样。与之相反，ISCOTE 适用于该类型数据。

2）监测刀具磨损状态效果对比

图 6.55 展示了 ISCOTE 等 9 种重采样算法对 PHM 2010、TTWD 刀具磨损状态的监测性能，其中，评价终值是以 7 种评价方式的统计均值和标准差确定。分析图 6.55 不难发现：

（1）尽管 No-sampling 在多个数据集中获得了最差的精度（如数据集 f～h），但是，在其余数据集中并未表现最差，相反地，其表现比除 ISCOTE 外的大多数算法都好。这就表明，多类不均衡使基于 VGG16 迁移学习的刀具磨损状态监测变得异常艰难，且并非所有采样算法可以获得优异的效果，这是因为刀具振动数据具有较低的信噪比，且向量化后的特征向量维度很高，这就导致了数据极其稀疏，给传统采样算法带来了巨大的挑战。ROS 在绝大多数数据集表现得最差（过拟合现象）恰好证明了这一现象。

（2）在所有刀具数据集中，ISCOTE 算法均获得最优（获胜率为 100%），特别是在 PHM2012 的多种多类不均衡状态监测中，其平均准确率可达 77.09%以上，

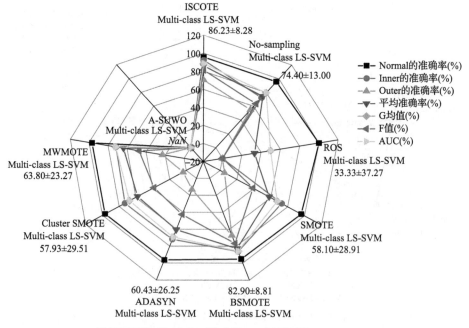

(a) PHM 2010_C1: Medium/Slight/Severe (200/40/20)

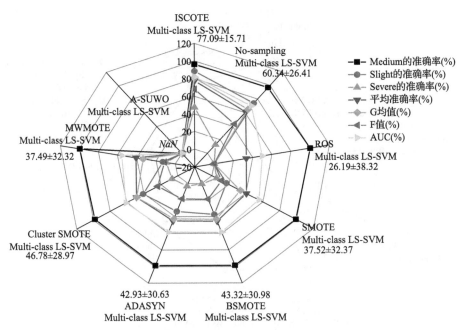

(b) PHM 2010_C1: Medium/Slight/Severe (200/20/10)

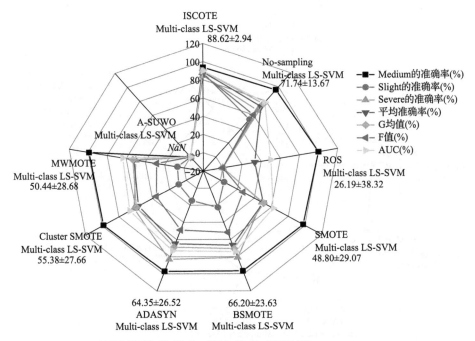

(c) PHM 2010_C1: Medium/Slight/Severe (200/20/40)

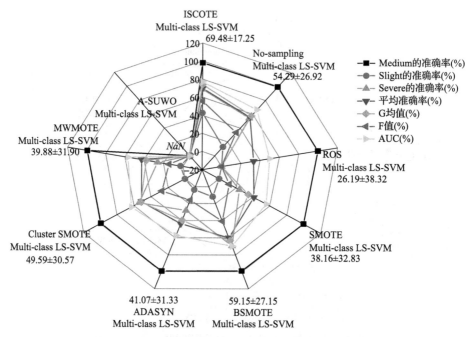

(d) PHM 2010_C1: Medium/Slight/Severe (200/10/20)

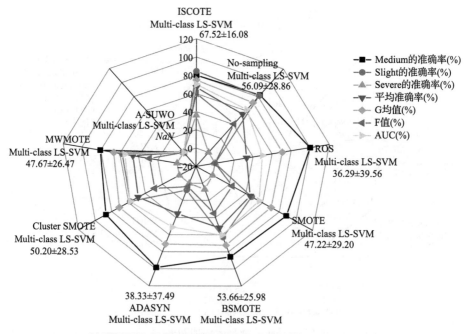

(e) PHM 2010_C4: Medium/Slight/Severe (200/40/20)

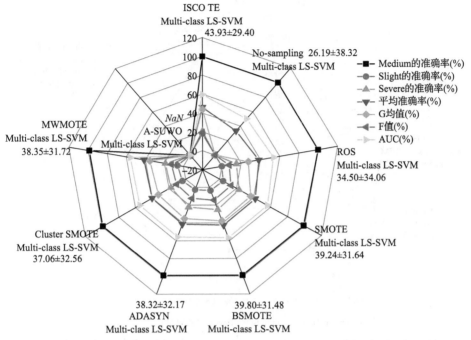

(f) PHM 2010_C6: Medium/Slight/Severe (200/40/20)

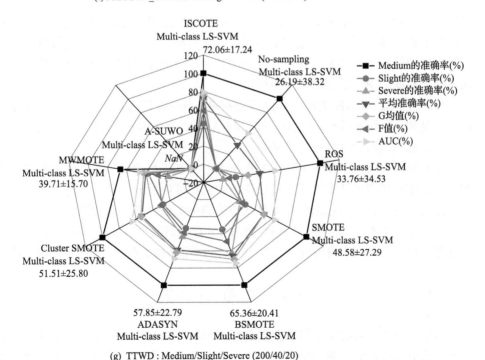

(g) TTWD : Medium/Slight/Severe (200/40/20)

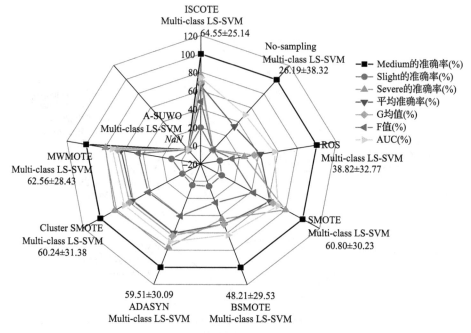

(h) Turning Tool : Medium/Slight/Severe (200/20/40)

图 6.55　VGG16+Sampling+ Multi-class SVM 框架监测刀具磨损状态的结果比较

采样效果远远强于其余算法，这就表明 ISCOTE 算法可以在高维、稀疏特征空间内较好地处理经过 VGG16 迁移学习提取的刀具特征向量，并合成了数目、分布均较为合理的新特征样本。另外，对于 TTWD，剧烈磨损状态(Severe)的识别率远远高于轻度磨损状态(Slight)的识别率。

（3）与轴承故障监测类似，其余算法效果不佳的原因为：A-SUWO 等部分算法过于复杂，导致效果不佳；SMOTE、ADASYN、MWMOTE 等算法不适应于高维、稀疏的不均衡刀具数据的重采样。

以上分析表明，VGG16+ISCOTE 框架通过将基于振动信号图片样本的多类不均衡分类建模问题巧妙地转化为特征空间内的特征向量分类建模问题，避免了人工设计特征过程，同时在轴承和刀具状态监测中都获得了优异的结果。虽然在部分监测中准确率不尽如人意(如 PHM2010_C6 数据集的平均准确率仅为 43.93%)，但这可能是由于数据本身特性和未对 VGG16 网络结构参数进行微调等因素所致。

6.4　本　章　小　结

本章主要为读者提供了可实践的典型零部件智能故障诊断与监测案例，将本书前面章节的理论知识进行融合应用，从数据处理及模型搭建的理论知识到基于机器学习、深度学习和迁移学习的应用实践，详细讲述了针对刀具、轴承和齿轮的智能故障诊断与监测方法。

参 考 文 献

[1] Wei J, Huang H, Yao L, et al. NI-MWMOTE: An improving noise-immunity majority weighted minority oversampling technique for imbalanced classification problems[J]. Expert Systems with Applications, 2020, 158: 113504.

[2] Wei J, Wang J, Huang H, et al. Novel extended NI-MWMOTE-based fault diagnosis method for data-limited and noise-imbalanced scenarios[J]. Expert Systems with Applications, 2024, 238: 121799.

[3] Wei J, Huang H, Yao L, et al. IA-SUWO: An improving adaptive semi- unsupervised weighted oversampling for imbalanced classification problems[J]. Knowledge-Based Systems, 2020, 203: 106116.

[4] 魏建安. 基于复杂不均衡数据分类方法的机械系统关键零部件的预测性维护研究[D]. 贵阳: 贵州大学, 2021.

[5] 朱云伟. 基于机器学习的铲齿车刀磨损状态监测技术研究[D]. 贵阳: 贵州大学, 2022.

[6] 朱云伟, 黄海松, 魏建安. 基于 GA-LightGBM 的刀具磨损状态在线识别[J]. 组合机床与自动化加工技术, 2021, (10): 83-87.

[7] 黄海松, 魏建安, 任竹鹏, 等. 基于失衡样本特性过采样算法与 SVM 的滚动轴承故障诊断[J]. 振动与冲击, 2020, 39(10): 65-74, 132.

[8] 陶新民, 郝思媛, 张冬雪, 等. 基于样本特性欠取样的不均衡支持向量机[J]. 控制与决策, 2013, 28(7): 978-984.

[9] 陈启鹏, 谢庆生, 袁庆霓, 等. 基于深度门控循环单元神经网络的刀具磨损状态实时监测方法[J]. 计算机集成制造系统, 2020, 26(7): 1782-1793.

[10] 何强, 唐向红, 李传江, 等. 负载不平衡下小样本数据的轴承故障诊断[J]. 中国机械工程, 2021, 32(10): 1164-1171, 1180.

[11] Shao S, Wang P, Yan R. Generative adversarial networks for data augmentation in machine fault diagnosis[J]. Computers in Industry, 2019, 106: 85-93.

[12] Goodfellow I J, Pouget-Abadie J, Mirza M, et al. Generative adversarial networks[J]. Advances in Neural Information Processing Systems, 2014, 3: 2672-2680.

[13] Cabrera D, Sancho F, Long J, et al. Generative adversarial networks selection approach for extremely imbalanced fault diagnosis of reciprocating machinery[J]. IEEE Access, 2019, 7: 70643-70653.

[14] 姚雪梅. 多源数据融合的设备状态监测与智能诊断研究[D]. 贵阳: 贵州大学, 2018.

第7章 典型零部件剩余使用寿命预测

本章介绍两种解决机械系统关键零部件状态预测中遇到的问题的方法。第一种方法是针对时间序列振动数据的不均衡分类问题提出的一种可变合成样本数量的 SCOTE 算法（ISCOTE），将它嵌入 "ICEEMDAN-Shannon+ISCOTE+ SVR" 预测框架之中，用于基于轴承数据集 PHM2010、PHM2012 及 TTWD 等的关键零部件的状态预测。第二种方法是针对刀具磨损在线监测的精度及泛化性能问题提出的一种基于利用格拉姆角场图像编码技术和卷积神经网络（Gramian angular field-convolutional neural networks, GAF-CNN）的方法。该方法利 GAF 图像编码技术将铣削加工过程中采集的时间序列信号数据图像化，然后采用深度卷积神经网络自适应地提取图像特征，避免人工特征提取带来的复杂性和局限性。试验结果表明，这种方法在刀具磨损在线监测中具有有效性和可行性，并且在多项评价标准下的精度较其他几种方法有较大提高。

7.1 基于 ISCOTE 和 ICEEMDAN-Shannon 能量熵的时序状态预测

图 7.1 展示了不均衡时间序列数据场景下的机械系统关键零部件的状态预测流程。采用 ICEEMDAN 和 Shannon 能量熵来计算预测模型所需的特征。为了减少人工干预，该方法直接选取经过 ICEEMDAN 的前 5 个 IMF 值来计算 Shannon 能量熵，而没有进行传统的 "人工选取特征" 步骤。该流程从原始时间序列数据开始，经过信号分解、特征计算、样本合成、特征提取和状态预测等步骤，最终得到机械系统关键零部件的状态预测结果。这种方法可以自动化生成特征，减少人工参与，提高预测模型的可靠性和鲁棒性。

7.1.1 试验数据选取及其预处理

为了凸显拟议框架在数据有限且时间序列不均衡场景下的有效性，本节选取 PHM2010 铣刀数据集、PHM2012 轴承数据集以及 TTWD 车刀数据集的部分数据进行试验验证。

1. 轴承数据的选取与特征空间重构

本节以 PHM2012 轴承数据集中轴承退化数据为例进行试验验证。图 7.2（a）

和(b)展示了该工况下所选数据 Bearing 1_1、Bearing 1_3 的原始振动信号。可以看出，在轴承全生命周期内，这两个滚动轴承的振动信号都显示出明显的退化趋势。为突显拟议方案的优越性，本章使用 20 个子样本集进行取样，即仅用总数据量的 1/20 进行训练、验证和测试。每个子数据集选取 12500 个振动点进行试验。

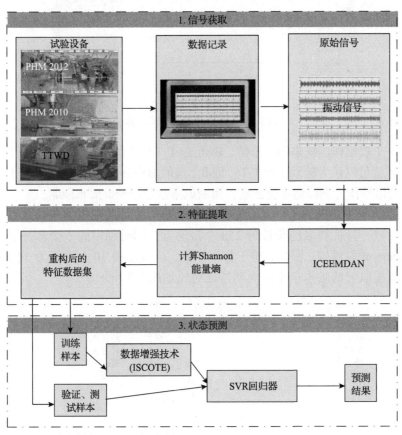

图 7.1　不均衡时间序列数据场景下的机械系统关键零部件的状态预测流程

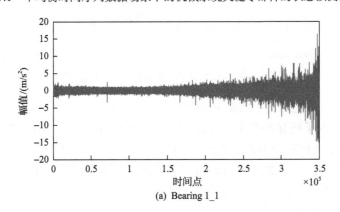

(a) Bearing 1_1

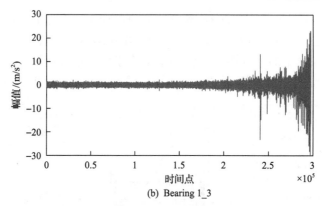

(b) Bearing 1_3

图 7.2　所用轴承全生命周期的原始振动信号

Bearing 1_1 被用作训练集和验证集，Bearing 1_3 作为测试集。此外，由于幅值超过 20m/s^2 就可以认为轴承已经失效，因此，选取 Bearing 1_1 幅值刚好小于 20m/s^2 时的振动信号作为训练集和验证集，而测试集数据不受此要求限制。

利用基于 ICEEMDAN-Shannon 能量熵的时序特征提取方法对两组信号进行特征提取。特征提取的步长为 250 个振动点，同时利用前 5 个本征模态函数计算 Shannon 能量熵。因此，对于每个子集，可以获得 10 个维度为 5 的特征样本。特征提取后的轴承全生命周期特征对比如图 7.3 所示。

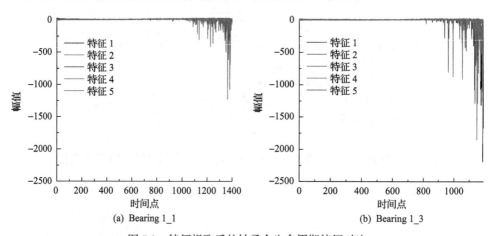

(a) Bearing 1_1　　　　　　　　　　(b) Bearing 1_3

图 7.3　特征提取后的轴承全生命周期特征对比

可以看出，不论是轴承数据 Bearing 1_1 还是 Bearing 1_3，提取后的特征都随着时间变化发生了明显的变化。因此，基于 ICEEMDAN-Shannon 能量熵的时序特征提取方法对于轴承时序退化振动信号是有效的。为了进一步凸显拟议方案对小样本的有效性，选择数据集 Bearing 1_1 的每个阶段的 13 个特征样本(共计 420 个)作为训练集，选择 810 个特征样本(共计 420 个)作为验证集，而测试集选为整个特征提取后的 Bearing 1_3 数据集(共计 1190 个特征样本)。

2. 铣刀数据的选取与特征空间重构

以铣刀数据集中的 C1、C4 部分为例进行试验验证。图 7.4(a)和(b)展示了 C1、C4 这两种工况下所选刀具的原始振动信号,很明显地,在铣刀的整个磨损阶段内,所选振动信号均有肉眼可见的明显磨损趋势。

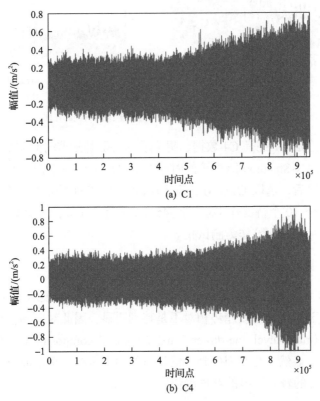

(a) C1

(b) C4

图 7.4 C1 与 C4 工况下的铣刀全磨损阶段原始振动信号

为了凸显拟议方案在数据有限下的优越性,只使用总数据量的1%进行训练、验证和测试。每个子数据集均选择 4001~7000 范围内的 3000 个振动点进行试验。采用 C1 和 C4 数据相互交叉验证的方式来评估拟议方案的有效性,即当 C1 用作训练集和验证集时,C4 用作测试集;当 C4 用作训练集和验证集时,C1 用作测试集。为了验证在这种情况下基于 ICEEMDAN-Shannon 能量熵的时序特征提取方法的有效性,对两组铣刀信号进行了特征提取。特征提取的步长为 300 个振动点,并利用前 5 个本征模态函数计算 Shannon 能量熵。特征提取后的铣刀全磨损阶段特征对比如图 7.5 所示。

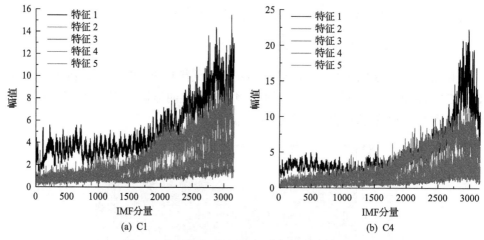

(a) C1　　　　　　　　　　　　　(b) C4

图 7.5　特征提取后的铣刀全磨损阶段特征对比

　　显然，无论是 C1 还是 C4 数据，提取后的特征都随着时间明显变化。因此，基于 ICEEMDAN-Shannon 能量熵的时序特征提取方法对于铣刀磨损信号同样有效。在特征提取后，选取 C1(C4)的每个阶段的 1~7 个特征样本(共计 2205 个)作为训练集，8~10 个特征样本(共计 945 个)作为验证集，选取 C4(C1)的 8~10 个特征样本(共计 945 个)作为测试集。

　　3. 车刀数据的选取与特征空间重构

　　以 TTWD 车刀磨损数据为例进行试验验证。图 7.6(a)展示了 TTWD 的原始振动信号。由于该信号磨损趋势相对不是特别明显，因此对原始信号进行了多维一级小波分解(multi-level one-dimensional wavelet decomposition)去噪，其结果如图 7.6(b)所示。显然，在车刀的整个磨损阶段内，多维一级小波分解后的振动信号均有肉眼可见的较为明显的磨损趋势。

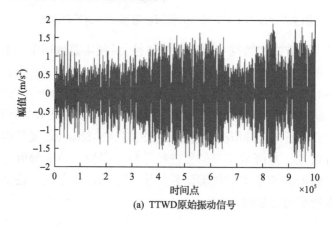

(a) TTWD原始振动信号

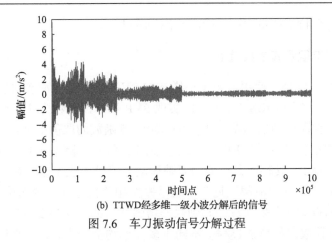

(b) TTWD经多维一级小波分解后的信号

图 7.6　车刀振动信号分解过程

需要注意以下几点：为了突出拟议方案的优越性，仅使用总数据量约 10.0%的数据集进行训练、验证和测试；每个子数据集都选择在 0～15000 范围内的 5000个振动点进行试验；由于自采数据是实际工况下的数据，因此使用它们来划分训练集、验证集和测试集。类似地，为了验证在这种情况下基于 ICEEMDAN-Shannon能量熵的时序特征提取方法的有效性，对 TTWD 数据集进行特征提取。特征提取的步长为 500 个振动点，利用前 5 个 IMF 计算 Shannon 能量熵。特征提取后的车刀全磨损阶段特征对比如图 7.7 所示。

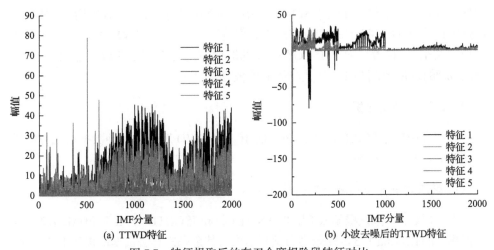

(a) TTWD特征　　　　　　　　　　　　　(b) 小波去噪后的TTWD特征

图 7.7　特征提取后的车刀全磨损阶段特征对比

经特征提取后，由车刀全磨损阶段振动信号分解得到的数据表明，Shannon能量熵随时间变化明显，特别是特征 5，这进一步证明了对车刀原始数据进行多维一级小波分解和去噪的必要性。为了训练模型，选取了每个阶段 1～4 个特征样本（共计 800 个）作为训练集，选取 5～7 个特征样本（共计 600 个）作为验证集，以及选取 8~10 个特征样本(共计 600 个)作为测试集。

7.1.2 回归器选取及其参数赋予

假定数据量较小,使用适用于小样本的 SVR 算法进行轴承剩余寿命预测和刀具磨损预测。使用 LIBSVM 工具包实现 SVR 器,核函数为高斯径向基核函数(RBF),惩罚参数 C 的取值范围为[0.05,500],核函数的取值范围也为[0.05,500]。为了评估回归模型的性能,使用均方误差(MSE)和平方相关系数(SCC)作为评价指标。其中,MSE 反映回归模型的误差程度,值越小表示模型精度越高;SCC 则反映模型的相关性,值越接近于 1 表示模型相关性越强,预测精度越高。

在提出的框架中,采样算法起到数据增强的目的。以 ISCOTE 为例,图 5.13 展示了 C1 刀具数据的增强过程。不同于多类不均衡分类,ISCOTE 的缩放因子($\{[s_i], i=1,2,\cdots,m-1\}$)一般大于等于 10,这是因为数据增强没有必要过分地增加过新样本,这样不仅会增加回归器的计算代价,而且由于待增强类别样本数有限,易产生过拟合现象。因此对于回归问题,ISCOTE 的缩放因子的范围设置为[10,1000]。为了对比 ISCOTE 数据增强的效果,将它与比较具有代表性的 No-sampling(不进行数据增强)、SMOTE 及 MWMOTE 三种算法进行对比。类似地,SMOTE 和 MWMOTE 对每个类别进行数据增强时,也合成与 ISCOTE 同样数量的样本。另外,ISCOTE、SMOTE 及 MWMOTE 的其余参数的调节方法和取值范围如下:SMOTE、MWMOTE 中用 KNN 处理噪声(或样本合成)时参数 K 范围设为 4~6。Cluster SMOTE 的群集范围为 2~3。MWMOTE 的其他参数取值由文献[1]推荐,对于 ISCOTE,k 的取值范围为 2~8,S 取值范围为 0.1~150,$m*$ 的取值范围为 1~30,$k*$ 的取值范围为 2~3[2]。

7.1.3 试验结果及分析

分别利用数据集 PHM2012、PHM2010 及 TTWD 对上述 4 种数据增强方案进行试验验证和结论分析。

1. 轴承剩余寿命预测结果的对比分析

表 7.1 展示了拟议框架 ICEEMDAN-Shannon+ISCOTE+SVR 对 PHM2012 轴承数据集中的 Bearing 1_3 的剩余寿命预测结果与其余采样算法数据增强效果的对比。

仔细分析表 7.1 将不难发现:

(1)对于 Bearing 1_1 的训练集和验证集,在不进行数据增强的情况下,无论是 MSE 还是 SCC,都是最差的。但是,经过采样数据增强后,这两种评价指标均有所提高。这表明虽然通过有限的轴承退化数据无法获得较好的效果,但是通过数据增强可以学习到更多的信息。

表 7.1 PHM2012 轴承剩余寿命预测结果比较

算法	评价指标	训练集	验证集	测试集	平均值
No-sampling	SCC	0.9234	0.8957	0.8625	0.8939
	MSE	65.7767	91.7959	135.9710	97.8479
SMOTE	SCC	0.9403	0.8978	0.8624	0.9002
	MSE	50.8994	87.8065	132.7720	90.4926
MWMOTE	SCC	0.9383	0.8954	0.8617	0.8985
	MSE	52.0215	90.2297	134.6060	92.2857
ISCOTE	SCC	0.9445	0.9013	0.8628	0.9029
	MSE	47.3179	85.8527	130.9096	88.0267

(2) 对于 Bearing 1_3 测试集, 采用基于 SMOTE 和 MWMOTE 的数据增强方式可以减少 MSE, 但是会降低 SCC。这表明这两种算法增强的数据集通用性较差, 是因为它们本身的局限性导致的。此外, 由于样本不均衡比高, KNN 法导致 SMOTE 和 MWMOTE 无法充分考虑到多数类的整体特性。

(3) 相反地, ISCOTE 利用最小二乘支持数值谱充分地考虑了所有多数类样本, 使得每个标签之间的可分性较强, 即不受有限样本及高不均衡比的限制。另外, 经过数据增强后, 相比于 No-sampling 算法, 由 ISCOTE 得到的 MSE 平均降低 10.04%, SCC 平均提升 1.01%, 模型性能提升是可观的。

(4) 对于轴承的寿命预测, 预测后期的准确性是十分关键的, 因为这个阶段需要进行设备的指导维护工作。图 7.8 展示了采用 4 种采样方法得到的滚动轴承剩余寿命预测结果的对比情况。显然, ISCOTE SVR 框架在预测后期具有较为明显的优势, 即大部分时候更接近理想标签, 这进一步说明了该轴承剩余寿命预测框架的有效性。

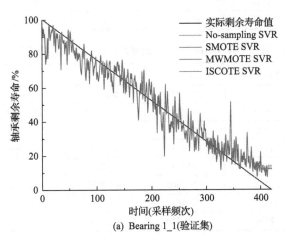

(a) Bearing 1_1(验证集)

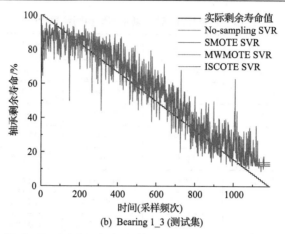

(b) Bearing 1_3 (测试集)

图 7.8　采用 4 种采样方法得到的滚动轴承剩余寿命预测结果的对比情况

2. 刀具磨损值预测的对比分析

表 7.2～表 7.4 分别展示了采用拟议框架等算法, 基于 PHM2010 C1_C4、PHM2010 C4_C1 以及 TTWD 三组刀具数据集对刀具磨损值预测结果的比较。

表 7.2　基于 PHM2010 C1_C4 数据集的铣刀磨损值预测结果比较

算法	评价指标	训练集	验证集	测试集	平均值
No-sampling	SCC	0.9196	0.9205	0.8508	0.8970
	MSE	60.2668	59.3312	318.3300	145.9760
SMOTE	SCC	0.9364	0.9259	0.8458	0.9027
	MSE	47.4799	55.4892	299.9290	134.2994
MWMOTE	SCC	0.9373	0.9255	0.8407	0.9012
	MSE	46.2995	55.6583	302.0180	134.6586
ISCOTE	SCC	0.9396	0.9262	0.8465	0.9041
	MSE	45.0867	55.2318	287.1450	129.1545

表 7.3　基于 PHM2010 C4_C1 数据集的铣刀磨损值预测结果比较

算法	评价指标	训练集	验证集	测试集	平均值
No-sampling	SCC	0.8545	0.8460	0.8320	0.8442
	MSE	271.7790	296.4990	155.8120	241.3633
SMOTE	SCC	0.9161	0.8787	0.8271	0.8740
	MSE	135.1880	194.9860	162.7890	164.3210
MWMOTE	SCC	0.9175	0.8795	0.8309	0.8760
	MSE	129.9400	201.7530	152.8180	161.5037
ISCOTE	SCC	0.9162	0.8808	0.8366	0.8779
	MSE	130.3720	191.7550	152.0860	158.0710

表 7.4　基于 TTWD 数据集的车刀磨损值预测结果比较

算法	评价指标	训练集	验证集	测试集	平均值
No-sampling	SCC	0.7892	0.7260	0.7083	0.7412
	MSE	466.5310	597.3930	622.7650	562.2297
SMOTE	SCC	0.8112	0.7277	0.7169	0.7519
	MSE	414.7750	579.1180	596.0660	529.9863
MWMOTE	SCC	0.8106	0.7199	0.7168	0.7491
	MSE	406.7210	592.3580	595.0460	531.3750
ISCOTE	SCC	0.8137	0.7311	0.7279	0.7576
	MSE	408.8420	579.0780	579.7610	522.5603

经过仔细分析表 7.2～表 7.4，可以发现以下结论：

(1)显然，无论是铣刀磨损预测的 C1_C4、C4_C1 训练集还是车刀磨损预测的 TTWD 训练集及大多数验证集，在不进行数据增强时，无论是 MSE 还是 SCC 均表现最差。然而，经过过采样技术的数据增强后，这两种评价指标均有所提高，特别是 C4_C1 和 TTWD 数据集。这表明，有限的刀具磨损数据确实不能获得较好的结果；与轴承剩余寿命预测类似，通过采样技术获取更多刀具磨损信息的数据增强方法是可行的。

(2)对于三组刀具数据的测试集，虽然基于 SMOTE、MWMOTE 的数据增强方式在部分刀具数据集(如 TTWD 数据集)中表现较好，具有较低的 MSE 和较高的 SCC，但相较于 No-sampling 算法，这些方法在 C1_C4、C4_C1 数据集中的表现则不尽如人意。尤其是 SMOTE 在 C4_C1 中的表现，MSE 和 SCC 两种评价指标均表现不佳。此外，SMOTE 和 MWMOTE 在 TTWD 的验证集中的 SCC 也表现不佳。这些结果表明，多类不均衡磨损状态监测及信噪比较低的刀具振动信号给 SMOTE、MWMOTE 等算法的数据增强带来了较大的挑战。与轴承数据增强类似，拟议框架将刀具时间序列回归的非特征向量建模问题转化为两类不均衡特征向量建模问题。然而数据有限且不均衡比例极高(如 C1_C4:1/314(7/2198)、C4_C1:1/314(7/2198)、PHM 2010 C1_C4:1/199(4/796))，使得 SMOTE 基于 KNN 样本合成法、MWMOTE 基于 KNN 样本边界样本识别和赋权方法更加难以充分考虑到多数类的整体特性。此外，刀具信号较低的信噪比加重了这一现象，最终导致每个标签之间的可分性更差。

(3)相反地，ISCOTE 利用最小二乘支持数值谱充分考虑了所有多数类样本，在计算样本重要性时，可以减轻低信噪比的影响，从而使每个标签之间具有较强的可分性。尽管在部分数据集(C1～C4)的 SCC 方面，ISCOTE 的表现不如 No-sampling，且 SCC 降低了 0.51%，但是其 MSE 优化了 9.79%，因此，ISCOTE

仍然是值得使用的。此外，经过数据增强后，ISCOTE 在 3 组数据的 MSE 分别平均降低 11.52%、34.51%、7.06%，SCC 分别平均提升 0.79%、3.99%、1.94%。其中，C4_C1 数据表现最为出色，因此 ISCOTE 对于模型性能提升也是十分可观的。类似于轴承剩余寿命预测，对于刀具磨损值预测，磨损后期的准确性也十分关键，因为这会指导刀具更换等维护性工作。如图 7.9～图 7.11 所示的采用 4 种采样方法得到的样本数据的预测结果，对于刀具磨损预测，初期磨损期回归准确率较差，因此需要着重分析这两个阶段的数据。图 7.9～图 7.11 展示了 4 种采样方法在预测 3 组刀具磨损值的对比情况。本章提出的 ISCOTE 框架在预测前期和预测后期均具有明显的优势，即在大部分时候更接近理想标签。这进一步说明了拟议刀具磨损值预测框架的有效性。

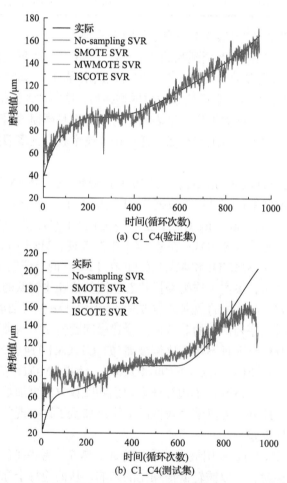

图 7.9　采用 4 种采样方法得到的基于 C1_C4 数据集的铣刀磨损值预测结果

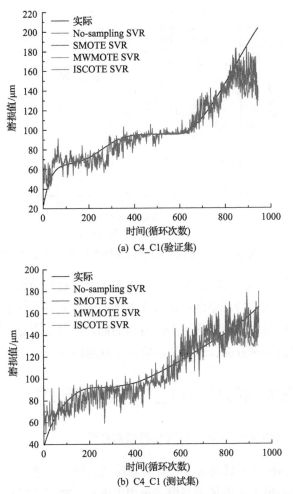

图 7.10 采用 4 种采样方法得到的基于 C4_C1 数据集的铣刀磨损值预测结果

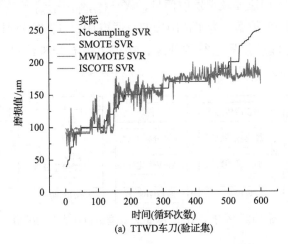

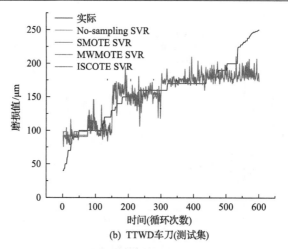

图 7.11　采用 4 种采样方法得到的基于 TTWD 数据集的车刀磨损值预测结果

　　上述分析表明，ISCOTE 框架巧妙地将基于时序数据的有限数据下的振动信号回归预测问题转化为特征空间内的二类不均衡分类问题，并通过采样技术对原始数据进行数据增强，从而获得更多的有用的回归信息。因此，在轴承剩余寿命预测和刀具磨损值预测方面，该框架都取得了卓越的表现。

7.2　基于图像编码技术和卷积神经网络的刀具磨损值预测

7.2.1　基于 GAF-CNN 的刀具磨损值在线监测模型

　　基于 GAF-CNN 的刀具磨损值在线监测模型如图 7.12 所示。在该模型中，加装在数控加工中心机床上的传感器设备被用来采集在加工工件过程中产生的物理量信号，包括力、加速度及声发射信号，$X = \{x_1, x_2, \cdots, x_n\}$ 作为输入，形成整个加工过程的时间序列数据。为了让图像的三通道(R、G、B)分别对应三类物理量信号，需要对物理量信号进行预处理，获得可被卷积神经网络处理的尺寸为 $(224, 224, 3)$[3]的输入数据。

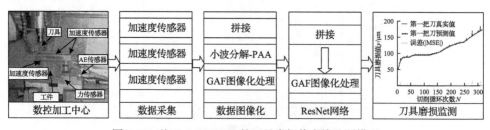

图 7.12　基于 GAF-CNN 的刀具磨损值在线监测模型

　　具体地，原始信号中的三轴力信号、三轴加速度信号及声发射信号共七种信号进行二次等间隔采样裁剪，将数据缩减为 5000 个采样点，以包含加工过程各类数据的变化趋势。将力信号和加速度的三轴信号分别进行拼接组合成一通道信号 (15000,1)，然后使用 7 层小波分解，采用小波函数为 db3 的小波包变换 WPT，将力信号、加速度信号及声发射信号三个通道传感器信号转变为相应能量谱图 $\{(15039,1),(15039,1),(5013,1)\}$。使用分段聚合技术(piecewise aggregate approximation, PAA)进行降维处理，得到 (224,3)，再通过 GAF 图像编码得到一维信号图像 (224,224,3)。

　　接下来，使用卷积神经网络模型提取二维信号图的相关重要特征，并采用线性回归层实现当前刀具磨损的回归监测。其中，选取的卷积神经网络是深度残差网络ResNet101，由于原始模型权重随机初始化，需要利用模型输出的刀具磨损监测值和实际测量真实值之间的均方误差作为优化目标函数。通过不断迭代网络训练次数，使得网络模型各层之间的连接权重向着目标函数值下降的趋势不断调整，最终使目标函数值收敛以确定各层连接的最优权重，得到最优的模型用于实际刀具磨损在线监测。为了提高本章提出的刀具磨损值在线监测模型的精度和泛化性，需要解决三个关键技术难点。首先，图像编码方法需要完整地映射时间序列信号特征，不能丢失信号中的重要特征。这样可以确保模型能够从输入的信号中获取全部的信息，提高预测的准确性。其次，为了从图像中挖掘更多的特征，模型网络需要加深。然而，加深网络也可能会带来梯度弥散的问题，影响模型的训练和泛化能力。因此，需要合理选择网络结构，使用一些有效的技巧来避免梯度弥散。最后，在模型训练的过程中，既要避免过拟合现象，也要增强模型的泛化能力。这需要在训练过程中使用一些正则化技术，如 Dropout 技术等，来减少模型的复杂度，同时也需要使用一些数据增强的方法，来扩充数据集，提高模型的泛化性能。通过解决这三个关键技术难点，可以有效提高刀具磨损值在线监测模型的预测精度和泛化性。

7.2.2　GAF-CNN 所涉及关键技术

1. 时间序列图像编码

　　采用格拉姆角场图像编码技术将传感器采集的一维时间序列数据转换成 2D 图像[4]。此方法包含如下步骤：首先，将传感器采集的时间序列 $X = \{x_1, x_2, \cdots, x_n\}$ 的所有值通过式(7.1)缩放至区间 [-1,1]，得到 $\tilde{X} = \{\tilde{x}_1, \tilde{x}_2, \cdots, \tilde{x}_n\}$，使用式(7.2)将 $\tilde{X}$ 中的值编码为角余弦 φ。式(7.3)将时间戳编码为半径 r，最终将时间序列 X 映射至极坐标中。

$$\tilde{x}_i = \frac{x_i - \max(X) + (x_i - \min(X))}{\max(X) - \min(X)}, \quad 1 \leqslant i \leqslant n \tag{7.1}$$

$$\varphi = \arccos \tilde{x}_i, \quad -1 \leqslant \tilde{x}_i \leqslant 1 \tag{7.2}$$

$$r = \frac{t_i}{N}, \quad t_i \in N \tag{7.3}$$

式中，t_i 为时间戳；N 为时间序列的总时间段。

在极坐标系下的时间序列蕴含时间相关信息，可利用 GAF 图像编码方法对时间序列进行重构。GAF 可以通过不同的方程生成两种图像，如式(7.4)基于余弦函数定义了格拉姆角和场(Gramian angular difference field, GADF)，式(7.5)基于正弦函数定义了格拉姆角差场(Gramian angular summation field, GASF)：

$$\text{GASF} = \begin{bmatrix} \cos(\theta_1,\theta_1) & \cos(\theta_1,\theta_2) & \cdots & \cos(\theta_1,\theta_n) \\ \vdots & \vdots & & \vdots \\ \cos(\theta_n,\theta_1) & \cos(\theta_n,\theta_2) & \cdots & \cos(\theta_n,\theta_n) \end{bmatrix} = \tilde{X}^{\mathrm{T}}\tilde{X} - \left(\sqrt{I - \tilde{X}^2}\right)^{\mathrm{T}}\sqrt{I - \tilde{X}^2}$$

$$\tag{7.4}$$

$$\text{GADF} = \begin{bmatrix} \cos(\theta_1,\theta_1) & \cos(\theta_1,\theta_2) & \cdots & \cos(\theta_1,\theta_n) \\ \vdots & \vdots & & \vdots \\ \cos(\theta_n,\theta_1) & \cos(\theta_n,\theta_2) & \cdots & \cos(\theta_n,\theta_n) \end{bmatrix} = \left(\sqrt{I - \tilde{X}^2}\right)^{\mathrm{T}}\tilde{X} - \tilde{X}^{\mathrm{T}}\sqrt{I - \tilde{X}^2}$$

$$\tag{7.5}$$

式中，$\tilde{X}^{\mathrm{T}}$ 为 $\tilde{X}$ 的转置向量；I 为单位向量 $[1,1,\cdots,1]$。从以上图像编码过程看出，GAF 在保留原始数据的同时，又重构了时间序列点相互之间的特征信息。

为了突出该方法特征映射的优点，作者将部分传感器信号进行了 GAF 图像编码，其映射过程如图 7.13 所示。在时域波形中，存在几段较为明显的波峰和波谷，初期振幅较小，当出现较大波峰时，对应的 GADF 与 GASF 特征图中呈现出颜色较深的特征。因此，通过格拉姆角场图像编码方法得到的二维图像 GADF 图与 GASF 图，其相应位置的颜色、点、线等不同特征能够完整映射时间序列信号的相关信息，准确地反映出信号中的重要特征。

2. 预测框架描述

刀具磨损值在线监测模型网络结构图如图 7.14 所示。为了解决刀具磨损值监测问题，需要一个回归模型，而原始的 ResNet101 卷积神经网络是一个分类模型，因此使用平铺层和三层全连接层代替 ResNet101 的全连接层。平铺层和全连接层的神经元数分别为 1024、512 和 1，前两层使用 ReLU 激活函数，最后一层没有

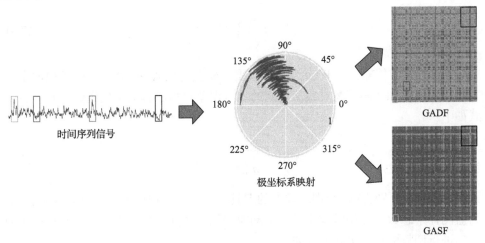

图 7.13　GAF 映射说明图

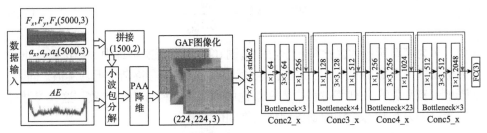

图 7.14　刀具磨损值在线监测模型网络结构

激活函数。使用大小为 $7\times7\times64$、步长为 2 的卷积核对传感器信号输入进行 GAF 图像编码，然后使用池化层提取每个区域的最大值作为区域代表，从而降低了计算量和参数量。使用 33 个 Blottleneck 模块来提取图像中不同维度的特征，并通过平铺层将这些特征平铺化。最后，将所有特征输入到全连接层 FC(3)中，使用不同权重的线性求和来预测刀具磨损值。还使用了规范层来标准化网络层信号，使其输出能够收敛至均值接近 0、标准差接近 1，从而加速网络的收敛，并使用 Droupout 层来防止模型在训练过程中过拟合。

7.2.3　预测模型训练

该模型的训练流程如图 7.15 所示。首先，将传感器采集的历史数据进行数据预处理，然后按照 8:2 的比例划分为训练集和验证集。训练集数据用于模型参数的优化，而验证集数据则用于评估模型的性能。在整个训练过程中，保存训练过程中产生的最优参数，并在训练结束时选取它们作为最终模型的参数。这样，可以确保训练结束后的模型具备较高的精度和泛化性能。训练集数据输入 ResNet 模型中，其特定一层的输出为

$$x^l = f\left(\prod_{n=1}^{l} W^n x^{n-1}\right) \tag{7.6}$$

式中，x^l 为第 l 层输出；W^l 为第 l 层权重。模型选用 Adam 算法，以模型输出刀具磨损监测值和实际测量真实值之间的均方误差（MSE）作为损失函数，其计算公式如下：

$$\text{MSE} = \frac{1}{n}\sum_{i=1}^{n}(y_i - \hat{y}_i)^2 \tag{7.7}$$

式中，y_i 和 $\hat{y}_i$ 分别为第 i 个训练样本的刀具实际测量磨损值与刀具磨损预测值；n 为监测样本总数。使用链式求导法推动模型网络各连接层权重向着减少目标函数方向进行调整更新。更新方式如下：

$$W^l_{\text{new}} = W^l_{\text{old}} - \lambda \frac{\partial \text{MSE}}{\partial W^l_{\text{old}}} \tag{7.8}$$

式中，λ 为模型所用的优化算法学习率范围 (0,1)。在每次训练中，会选择一批样本来更新模型参数的权重，经过多次迭代训练，监测值会逐渐接近真实值。同时，不断地更新和保存在训练过程中表现最优的训练集和验证集的参数，这些参数被用作最终的刀具状态监测模型各网络层之间的参数。

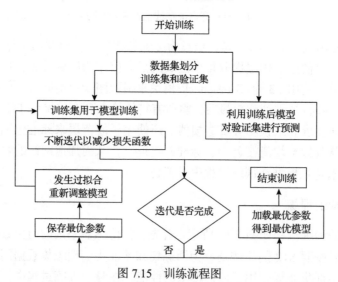

图 7.15　训练流程图

为了更好地验证模型的优势，本节采用决定系数（R^2）和平均绝对百分比误差（MAPE）作为模型的评价标准。从多个角度来验证模型，可使得评价结果具有普适性。决定系数 R^2 可以衡量模型输出的磨损量监测值与真实值之间的拟合程度，

R^2 越接近 1 表示监测值与真实值之间的拟合程度越好。R^2 的计算公式如下：

$$R^2 = \frac{\sum(\hat{y}_i - \overline{y})^2}{\sum(y_i - \overline{y})^2} = 1 - \frac{\sum(y_i - \hat{y}_i)^2}{\sum(y_i - \overline{y})^2} \tag{7.9}$$

式中，$\overline{y}$ 为所有实际值的均值。MAPE 可以更好地反映磨损量监测值与磨损量真实值之间误差的实际情况，其计算公式如下：

$$\text{MAPE} = \sum_{i=1}^{n}\left|\frac{y_i - \overline{y}_i}{y_i}\right| \times \frac{100\%}{n} \tag{7.10}$$

7.2.4　试验结果及分析

从 PHM2010 数据集中选取三个包含标签数据的刀具样本来进行算法验证对比试验。为了进行训练和验证，按照 8:2 的比例随机选取了一部分样本作为训练集和验证集。每个样本包含 7 维传感器信号和 3 个切削面中后刀面磨损量。为了符合刀具的实际工作要求，只保留 3 个切削面中后刀面的最大值作为具体的工作刀面磨损值。使用 Intel Xeon Silver 4210 处理器和 NVIDIA GeForce RTX 2080Ti 显卡作为试验硬件平台，基于 TensorFlow 深度学习框架搭建了试验软件平台。训练参数详见表 7.5。

表 7.5　训练参数

周期(epoch)	优化方法	训练次数	损失函数
1000	Adam	64	MSE

1. GADF-CNN 与 GASF-CNN 比较

为了测试 GASF-CNN 与 GADF-CNN 在图像编码特征中的区别，分别对数据集进行 GASF-CNN 与 GADF-CNN 图像编码处理后，统一采用 ResNet101 网络结构模型进行训练，训练结果如表 7.6 所示。

表 7.6　GADF-CNN 与 GASF-CNN 对比试验结果

模型名称	MSE(训练集)	MSE(验证集)	MAPE/%	R^2	训练时间/h	验证时间/s
GADF-CNN	1.165	6.548	0.798	0.991	10~11	1
GASF-CNN	3.328	8.647	1.236	0.943		

GADF-CNN 表现优于 GASF-CNN，证明 GADF 编码方法比 GASF 法更适合深度学习网络进行特征提取。因此，在后续试验中，GADF 法将作为加工信号图

像处理的方法。模型验证集用时 1s，其中包含 189 个试验数据，每个用例处理时间低至 5ms，满足刀具磨损在线监测实时性要求。

通过选择不同深度网络结构的 GADF-CNN 模型进行训练，研究不同深度网络结构对模型精度和泛化性的影响。损失函数的变化趋势如图 7.16 和图 7.17 所示。随着迭代次数的增加，模型的深度逐渐加深，特征维度逐渐增加，模型网络参数不断优化调整，使得磨损量监测值与真实值之间的均方误差不断减少，最终达到收敛。经过对比试验，深层网络相比浅层网络具有更强的特征提取能力，但加深网络结构会导致参数量暴增，伴随梯度弥散现象发生，使得模型训练时损失函数一直处于较大值且无法继续优化下降。

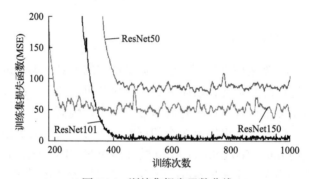

图 7.16　训练集损失函数曲线

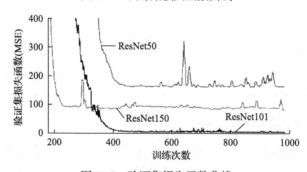

图 7.17　验证集损失函数曲线

在大量的模型挑选和试验尝试后，选择 ResNet101 作为刀具监测模型。根据图 7.16 和图 7.17 的结果，ResNet101 在训练集和验证集上都表现最佳，最终损失函数分别为 1.165 和 6.548。GADF-CNN 模型在训练和验证集中均能达到较好的效果，并未出现过拟合现象。这表明本节提出的 GADF-CNN 模型在监测刀具磨损值方面具有最高的精度和泛化性能。

2. GADF-CNN 与其他研究方法对比

此类刀具磨损数据也被用于基于 HMM、SVR、BPNN、FNN、一维 DensNet

模型的刀具磨损在线监测,选择 MSE、MAPE 和 R^2 为评价标准,七种模型在验证集的对比结果如表 7.7 所示。

表 7.7　同类研究对比结果

模型名称	MSE(验证集)	R^2	MAPE/%
HMM	85.8	0.958	7.53
SVR	238.8	0.876	9.96
BPNN	134	0.983	6.45
FNN	17.4	0.995	1
一维 DensNet	9.36	0.971	1.545
GASF-CNN	8.647	0.943	1.236
GADF-CNN	6.548	0.991	0.798

　　本章提出的方法在各项标准上均表现优异,与传统机器学习网络和深度学习网络相比,表现更加突出,说明它具有强大的特征提取能力和泛化性能。这足以证明了本节中所提出的一维信号数据图像化处理方法增强了信号的特征,相较于原始时域信号,更适合深度神经网络提取隐藏的微小特征。由于验证集不参与模型的训练,因此模型的优异泛化性能可以在验证集中得到体现。在众多模型中,选择表现最优秀的 GADF-CNN 模型进行刀具磨损监测。如图 7.18、图 7.19 和图 7.20 所示,模型输出的预测结果与实际值基本吻合,只有部分值偏离实际值,满足实际加工监测的需求。整个处理过程从采集数据到转换为图像再经过模型输出对应磨损值,仅需毫秒级别的时间,完全符合工业在线监测的要求。

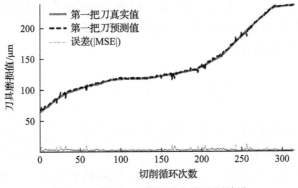

图 7.18　铣刀 C1 磨损量在线监测结果

　　总的来看,基于 GAF-CNN 的在线监测方法通过对一维数据进行图像化处理,可增加不同时间序列信号的相关性并强化时序相关特征信息。经过处理后,数据

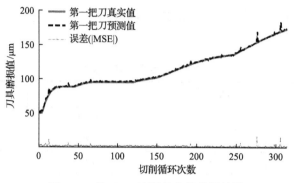

图 7.19　铣刀 C2 磨损量在线监测结果

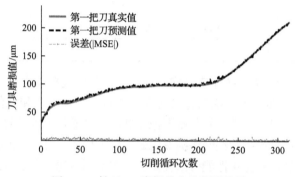

图 7.20　铣刀 C3 磨损量在线监测结果

作为卷积神经网络的输入，大幅提高了其提取时序信号特征的能力。该方法建立了一维时间序列数据与刀具磨损量之间的映射关系回归分析模型，并取得了较高的精度，能够满足加工监测需求。试验验证了该方法在刀具磨损在线监测中的有效性和可行性，其精度比其他方法更高。但是，该模型在前期需要花费大量时间进行模型训练以找到最优参数，部署时对设备的硬件要求较高。未来的研究方向是进一步研究模型压缩方法。

7.3　本章小结

本章分别利用机器学习算法、深度学习算法解决了典型零部件的状态。针对数据有限且非特征向量不均衡建模场景下时间序列振动数据的不均衡分类问题，提出 ISCOTE 算法，并将它嵌入 ICEEMDAN-Shannon+ ISCOTE+SVR 预测框架之中，基于数据集 PHM2010、PHM2012 及 TTWD 等对关键零部件的状态预测。另外，为了提高刀具磨损在线监测的精度及泛化性能，本章提出一种基于利用格拉姆角场图像编码技术和卷积神经网络 (GAF-CNN) 的刀具磨损值在线监测方法，该方法在多项评价标准下的精度比其他几种方法有较大提高。

参 考 文 献

[1] Barua S, Islam M M, Yao X, et al. MWMOTE—majority weighted minority oversampling technique for imbalanced data set learning[J]. IEEE Transactions on Knowledge and Data Engineering, 2012, 26(2): 405-425.

[2] 魏建安. 基于复杂不均衡数据分类方法的机械系统关键零部件的预测性维护研究[D]. 贵阳: 贵州大学, 2021.

[3] Samanta B, Al-Balushi K R. Artificial neural network based fault diagnostics of rolling element bearings using time-domain features[J]. Mechanical Systems and Signal Processing, 2003, 17(2): 317-328.

[4] 滕瑞, 黄海松, 杨凯, 等. 基于图像编码技术和卷积神经网络的刀具磨损值在线监测方法[J]. 计算机集成制造系统, 2022, 28(4): 1042-1051.